犬猫耳病彩色图谱

［英］Sue Paterson ［美］Karen Tobias ◎著

刘欣 夏兆飞 ◎译

中国农业科学技术出版社

著作权合同登记号：图字 01-2016-2657

图书在版编目（CIP）数据

犬猫耳病彩色图谱 /（英）皮特珊（Paterson, S.），（美）托拜厄斯（Tobias, K.）著；刘欣，夏兆飞译 . —北京：中国农业科学技术出版社，2016.5

ISBN 978-7-5116-1383-7

Ⅰ . ①犬⋯ Ⅱ . ①皮⋯ ②托⋯ ③刘⋯ ④夏⋯ Ⅲ . ①犬病－耳疾病－诊疗－图谱 ②猫病－耳疾病－诊疗－图谱 Ⅳ . ① S858.292-64 ② S858.293-64

中国版本图书馆 CIP 数据核字 (2013) 第 224522 号

责任编辑　徐　毅　张志花
责任校对　贾晓红

出 版 者　中国农业科学技术出版社
　　　　　北京市中关村南大街 12 号　邮编：100081
电　　话　（010）82106636（编辑室）（010）82109702（发行部）
　　　　　（010）82109709（读者服务部）
传　　真　（010）82106631
网　　址　http://www.castp.cn
经 销 者　各地新华书店
印 刷 者　北京卡乐富印刷有限公司
开　　本　889mm×1 194mm　1/16
印　　张　12
字　　数　300 千字
版　　次　2016 年 5 月第 1 版　2016 年 5 月第 1 次印刷
定　　价　170.00 元

编译委员会

译：刘　欣　夏兆飞

编　译：赵　博　李　硕　周玉珠　马　祥
　　　　匡　宇　王鹿敏　刘　虹

致 谢

ACKNOWLEDGEMENTS

在皮肤专科医生的职业生涯中，我得到了很多人的帮助和指导，其中最重要的人是 Craig Griffin，他点燃了我对耳病的热情，他是一位在学术领域的真正的大师和一位灵魂导师。我一定要感谢我的两位工作伙伴，外科医生 Ian 和 Duncan，他们多年来支持我对皮肤科的痴迷。我希望所有与我共事的皮肤科助理们明白，我是多么欣赏他们，没有他们的辛勤工作就没有我现在的成就，他们的姓名按字母排序分别是 Bernie，Charlotte，Emma 和 lydia。当然也要感谢我的医院经理兼好朋友 Janie，我知道没有她我无法处理很多琐事。最后非常感谢所有转诊病例给我的兽医师们，他们令我的工作充满意义，当然也为本书提供了丰富的病例资料。

Sue Paterson

给一只浑身油腻的可卡犬做全耳道切除和鼓泡骨切开术就像是打扫厕所一样，过程虽然不怎么愉快，但成果还不赖。写作也是一样——不仅是一直有动力继续，而且有时完成此书的意志还不抵分心的事物。但这会是一本有用的、引人入胜的、有参考意义的书籍，这样的愿景最终驱使我完成了这项工作。感谢 Sue Paterson 为我描绘了这样的愿景——除了兽医皮肤病学家，谁还会对一只油腻的可卡犬兴奋不已呢？我还要感谢田纳西大学兽医学院的管理者和同事们支持我出书。特别感谢摄像师 Phil Snow 和 Greg Hirshoren 所作的贡献，以及 Deb Haines 所做的合约工作和为图片定稿。当然，与以往一样，我要感谢我的两个聪明可爱的孩子 Jacob 和 Jessica，他们给了我爱和鼓励。为你用"耳"倾听！

Karen Tobias

序

FOREWORD

我于 1978 年从兽医学院毕业，第一份工作在佛罗里达州，对耳病的兴趣自那时开始。

当时给我的感觉是两只犬中就有一只罹患耳病，但耳药的种类却不多，耳病也较难控制。

在过去的 34 年里，我一直致力于耳病的研究，并完成了 2 部耳病书籍的写作，在 350 多次国际兽医会议中演讲，还帮助开发耳科诊疗技术，指导兽医学习耳窥镜的临床应用。我曾有幸与 Sue Paterson 一起演讲，在我看来，即使是耳病这样艰涩难懂的专题，她也有吸引观众的神奇方法。

耳科诊断技术的进步，使我们能真正看到耳道并在其中操作，这在以前是难以想象的。耳肿瘤和中耳疾病是犬猫的常见病，现在我们有能力做出诊断。经过科学研究，耳病治疗也在不断地进步，加速了病患康复。通过这样的努力，动物的痛苦减少了，客户也心满意足。

不论是在学术机构还是在私人医院，都有许多兽医专攻耳科。他们通过共同的努力，为耳科学开创了新思路，进行了新研究，创造了新药物，以及发展了新技术，如激光手术。站在这些人的肩膀上，Sue Paterson 和 Karen Tobias 结合多年的临床经验，为读者们呈献了一部详尽的耳科图谱，定能帮助我们深刻地理解耳的解剖、生理以及耳病的发病机制。Sue Paterson 还与我们分享了犬听觉方面的独到见解和经验。

随着专业领域日新月异，我们应当努力改进诊断技术，以适应现今的激烈竞争。当我们了解耳病，掌握耳科操作的精湛知识和技能时，就能更好地为动物服务，实现我们职业生涯中的个人价值。有效的耳科治疗可以增加客户对医院的忠诚度。所以在当今的小动物临床中，耳科的重要性毋庸置疑。

Louis N. Gotthelf，DVM
于美国阿拉巴马州蒙哥马利

前　言

PREFACE

业界普遍认为耳病占全科医生病例量的 10% 以上，所以初级兽医的基本能力之一，就是学会正确处理耳病。耳科是小动物医学发展最快的分支之一。尽管耳科已有不少优秀的教材，但这是第一部（我希望是最全面的一部）有详细说明的耳病图谱。感谢 Wiley-Blackwell 满足我对于耳病的痴迷，我才得以编辑此书。耳病对我而言是一种激情：诊断和治疗耳病带给我成就感，与同行们共享知识，使耳病的整体治疗水平提高更是一种挑战。我认为人们通常低估了耳炎引发的疼痛。常常只有在药物缓解了疾病，或者根治性手术切除了耳道之后，主人才发现他们的宠物经受了多大的痛苦，因为他们看到了治疗前后动物行为的巨大变化。耳病必须要进行治疗，即使不得不面对很多主人在费用方面的限制，我们也有责任使耳炎病患感觉相对舒适。

与 Karen Tobias 这位真正的手术女神合作，真是一件乐事和荣耀，而且能将她宝贵的手术经验囊括于此书之中，更是快乐倍增。我能体会她倾注了大量时间来准备图片和文章，以期用基础技术引领新手入门，也为更富经验的医师提供复杂技术的详尽解读。我知道她和我一样，享受着撰写此书的过程，并乐在其中。谢谢你，Karen。

Sue Paterson

目 录
CONTENTS

第 *1* 章　耳的解剖

Karen Tobias

1.1 外耳：耳廓和耳道

耳廓（pinna）是外耳最突出的部分（图1.1）。耳廓的内侧称为凹面（concavesurface），外侧称为凸面（convexsurface）。对于一个立着的耳廓，凹面形成的耳廓腔（conchalcavity）朝向前面（rostrally）和外侧（laterally），凸面朝向内侧（medially）和后面（caudally）。耳廓的远端尖部称为耳尖（apex），耳廓的外侧和内侧游离部称为耳轮（helix）。耳道远端（distal）的前外侧边缘称为耳屏（tragus），耳屏后面的凹痕（notch）称为耳屏切迹（intertragicincisures）（图1.2），耳屏切迹将耳屏与对耳屏（antitragus）间隔开。对耳屏由一个长软骨薄片构成，向耳轮的外侧边缘延伸直至皮肤缘小袋（cutaneous marginal pouch）。

耳廓边缘分为内侧或前（嘴）面和外侧或者后面（图1.1）。这种方向描述的不同使得解剖很混乱。

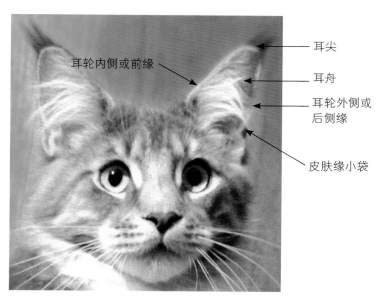

耳轮内侧或前缘

耳尖

耳舟

耳轮外侧或后侧缘

皮肤缘小袋

图1.1　耳廓的解剖学总论。耳凹面的耳廓腔向前（嘴）面或向外（杨先生供图：缅因猫）

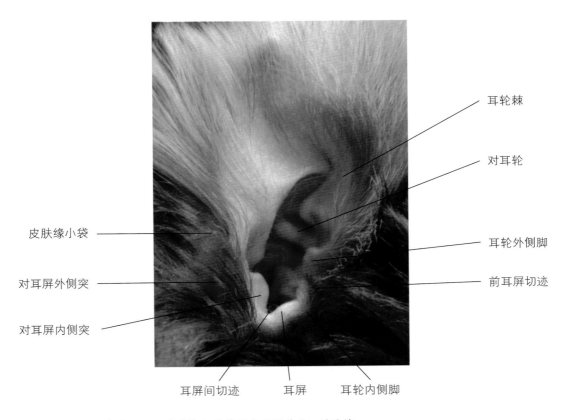

耳轮棘

对耳轮

皮肤缘小袋

耳轮外侧脚

对耳屏外侧突

前耳屏切迹

对耳屏内侧突

耳屏间切迹　　耳屏　　耳轮内侧脚

图 1.2 犬右侧耳廓的凹面。对耳轮和耳屏形成了耳道开口的边缘

外耳由三个软骨组成：环形软骨（annular）、耳软骨（auricular）和盾状软骨（scutiform）。耳道近端（贴近头骨）由环形软骨形成（skull）；耳道远端（远离头骨）由耳软骨形成，耳软骨最后呈扇形展开形成耳廓（图 1.3）。

耳软骨分为三部分：耳舟（scapha）、耳甲（concha）和耳管（tubusauris 或 conchaltube）。耳舟位于远端，较为平展；耳甲卷成喇叭状形成耳廓腔（图 1.4）。对耳轮（antihelix）是横向的软骨折痕，它将耳舟和耳甲在凹面分开。

耳甲形成的漏斗状（结构）在近端增厚演变为耳管。耳管形成垂直耳道，此管道可达 2.5cm 深，并且当其近端向头部延伸，沿腹侧、内侧（medially），并且微朝前（嘴）方向，螺旋向内。腮腺（parotidsalivarygland）沿着近端的外侧缘部

分包围耳管。

环形软骨是独立的、可转动的软骨带，嵌入耳管的基部，形成水平耳道，朝里向头骨延伸。依次，环形软骨覆盖骨质的外耳道（Osseousexternalacousticmeatus）。耳软骨与环形软骨，以及环形软骨与头骨都是由纤维组织鞘连接的。覆盖在耳软骨和环形软骨表面的上皮包括皮脂腺和耵聍腺（修正的汗腺），以及毛囊。

耳道的术语在不同的课本是不同的，一些学者认为包裹着鼓膜的头骨的突起为外耳道或骨性外耳道，而另一些人认为外耳道是与耳屏或对耳轮处于同一水平的开放的耳管。从（耳道）开口到耳甲的软骨的管道是由耳软骨和环形软骨混合形成，有时叫作听觉耳道。

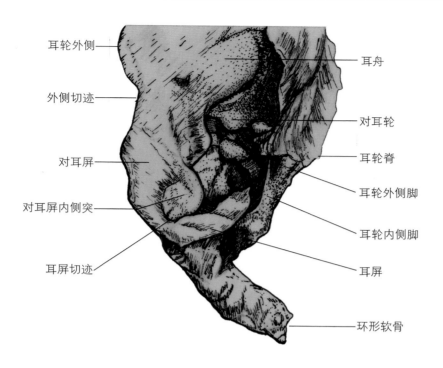

耳轮外侧

外侧切迹

对耳屏

对耳屏内侧突

耳屏切迹

耳舟

对耳轮

耳轮脊

耳轮外侧脚

耳轮内侧脚

耳屏

环形软骨

图 1.3 犬右耳的环形软骨和耳软骨，外侧观（祖国红供图）

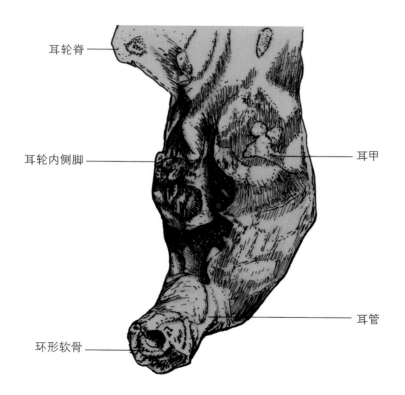

耳轮脊

耳轮内侧脚

环形软骨

耳甲

耳管

图 1.4 右耳的耳软骨和环形软骨，后侧观。环形软骨处于耳软骨内，耳软骨形成耳廓和垂直耳道。注意耳软骨近端在弯曲部分向内旋转（祖国红供图）

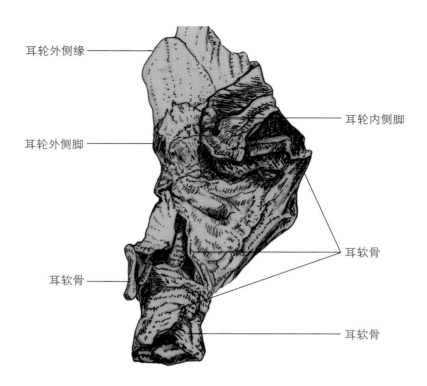

耳轮外侧缘

耳轮内侧脚

耳轮外侧脚

耳软骨

耳软骨

耳软骨

图 1.5 右耳软骨的内侧观。耳软骨形成耳管的部分被夹起；下面是耳软骨包裹环形软骨的部分。注意耳道不是一个硬质的通道，耳软骨和环形软骨均由软骨瓣重叠搭接在一起形成，具有一定弹性。当动物存在严重外耳炎或耳管堵塞时，可能导致管状瓣、或耳软骨与环形软骨、或耳软骨与骨间（这些）连接的纤维结缔组织鞘破裂，造成耳周脓肿（祖国红供图）

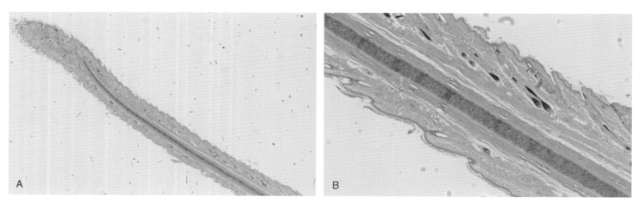

图 1.6 （A）犬耳廓的横切面；（B）可见成分包括透明软骨，肌肉，毛囊

　　一系列不同的肌肉从耳的前（嘴）面、腹侧和后面附着于头骨；这些肌肉由面神经支配。其中部分肌肉是颈阔肌（Platysma）的颈部延续。

盘状 L 形的盾状软骨位于耳软骨的内侧，包裹在连接耳软骨和头的肌肉中。盾状软骨做为支点提高了耳软骨的活动性。

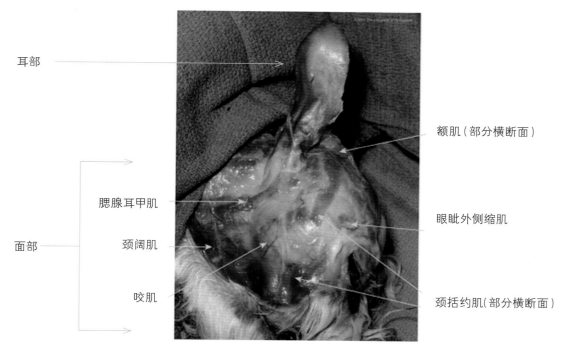

耳部

额肌（部分横断面）

面部
腮腺耳甲肌
颈阔肌
眼眦外侧缩肌
咬肌
颈括约肌（部分横断面）

图 1.7 犬耳和脸部肌肉，右侧观（照片来自 Phil Snow，UTCVM，The University of Tennessee）

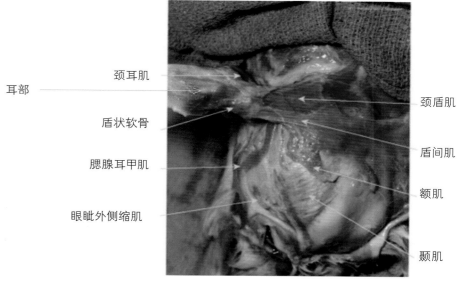

耳部
颈耳肌
盾状软骨
腮腺耳甲肌
眼眦外侧缩肌
颈盾肌
盾间肌
额肌
颞肌

图 1.8 犬耳和头部的肌肉，背侧观。盾状软骨被包裹在背侧肌肉群中（照片来自 Phil Snow，UTCVM，The University of Tennessee）

　　外耳的血液供应主要来自于后侧耳动脉（caudal auricular artery），后侧耳动脉来自于颈外动脉（external carotid artery），颈外动脉在环形软骨的基部和腮腺内侧（图 1.9）。后侧耳静脉和颞浅静脉（Superficial temporal veins）终止于上颌静脉（maxillary vein），为外耳提供静脉回流通道（图 1.10）。耳软骨上的孔允许血管和神经从耳廓凸面进入凹面。

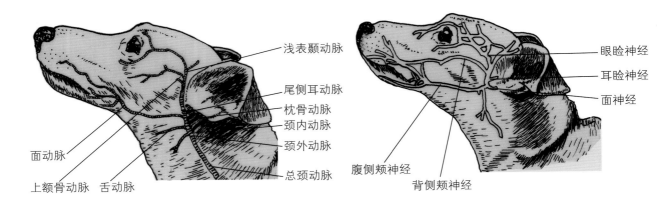

图 1.9 总颈动脉的部分分支：颈外动脉发出后侧耳动脉，经水平耳道的前（嘴）面和腹侧最终延续为上颌动脉和颞浅动脉分支（祖国红供图）

图 1.11 面神经部分分支：面神经从茎乳孔（stylomastoid foramen）伸出，经过水平耳道的后侧、腹侧和前（嘴）面（祖国红供图）

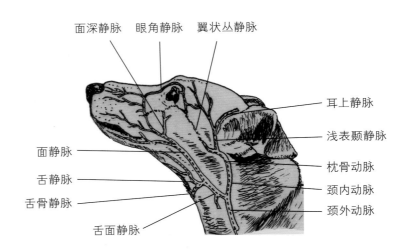

图 1.10 颈外静脉的部分分支。颞浅静脉向下围绕水平耳道的前（嘴）面汇入上颌静脉，位于耳道腹侧（祖国红供图）

耳廓凹面的感觉神经（Sensory innervations）来源于面神经的分支（图 1.11），延伸至耳廓前（嘴）面的是三叉神（trigeminal）经的分支。面神经外侧耳支为大部分垂直耳道（verticalcanal）和部分水平耳道提供感觉（传入），而三叉神经的耳颞（auriculotemporal）分支对水平耳道和鼓膜提供感觉神经分布。耳廓凸面接受第二颈神经（cervical nerve）的感觉神经分布。迷走神经（Vagal）和面神经的分支也在此区域交汇。

1.2 犬的中耳

犬的中耳（图 1.12，图 1.13）主体是一个充满空气的鼓室，通过鼓膜与外耳分隔，并通过前庭窗和耳蜗窗与内耳分隔。中耳分为三部分：（1）大的，颞骨内腹侧鼓泡凹陷；（2）小的，背侧鼓室上隐窝，位于鼓膜水平线上；（3）固有鼓室，连接两部分并且外侧界面为鼓膜（图1.14）。固有鼓室由不完整的隔膜与腹侧鼓泡部分分开。鼓室

包括后端的耳蜗窗。耳听小骨－镫骨、砧骨和部分锤骨，其余部分位于鼓室上隐窝内，跨越从内耳到鼓膜的距离（图1.15）。除咽鼓管口处，鼓室由单层扁平或立方上皮细胞覆盖。

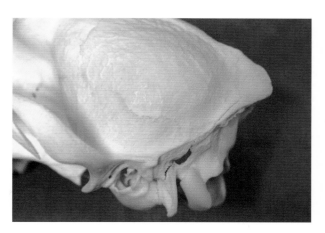

图1.12　犬颅骨左侧观。在这个图像中，下颌骨已被移除，颅骨已被轻微旋转。注意关节后突和髁旁突比鼓泡更加突出（中国农业大学：王宏钧，常建宇供图）

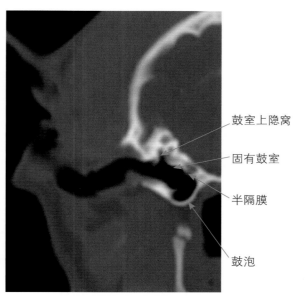

鼓室上隐窝

固有鼓室

半隔膜

鼓泡

图1.14　犬中耳的组成部分。这只犬可见锤骨柄，呈L－型结构，并可见鼓泡内侧壁的部分隔膜（中国农业大学动物医院：影像科供图）

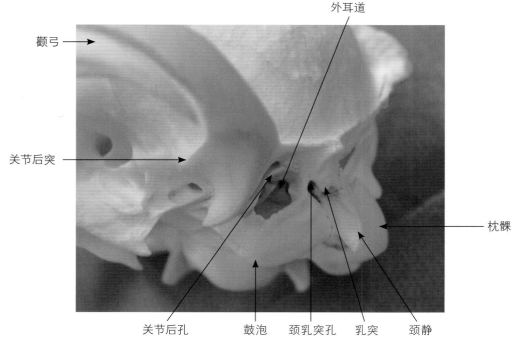

外耳道

颧弓

关节后突

枕髁

关节后孔　　鼓泡　　颈乳突孔　乳突　　颈静

图1.13　带有下颌骨的犬的鼓泡，右侧观。在鼓泡腹侧面骨切开时，通过触诊髁旁突和角突来估计犬鼓泡的位置（中国农业大学：王宏钧，常建宇供图）

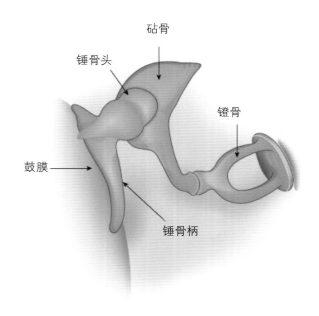

图 1.15 听小骨－锤骨、砧骨和镫骨－从鼓膜跨越到前庭窗膜

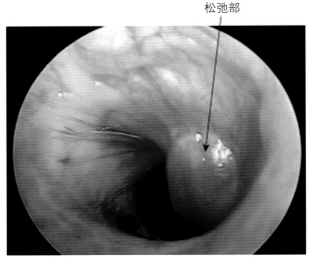

图 1.17 正常犬的松弛部可能非常突出并因此容易与肿块混淆（自 UTCVM 皮肤科 ©2012 田纳西大学）

鼓膜呈椭圆形，由于内侧附着的锤骨牵引，从外面看鼓膜凹陷（图 1.16）。在犬鼓膜与水平耳道的长轴呈 45° 夹角，眼观它的腹侧面比背侧部（夹角）更大。

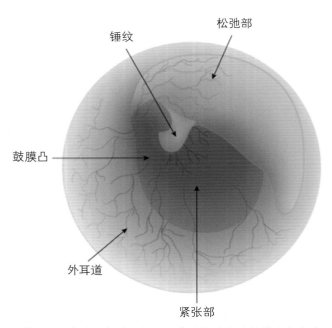

图 1.16 鼓膜示意图。由于附着于鼓膜上的锤骨的内向张力，鼓膜向远离外耳道方向弯曲。上皮细胞由鼓膜凸向外再生；应避免在这个区域进行鼓膜切开术

鼓膜最大的部分被称为紧张部，一个紧绷的、半透明的纤维性膜。紧张部通过纤维软骨环，一个纤维软骨的环形物，牢固地附着于周围的骨质外耳道。鼓膜背侧有相对很小的部分是松弛部，疏松、不透明、富含血管（图 1.17）。

鼓膜由一层纤维组织构成，外表面覆盖复层扁平上皮，内表面附着单层扁平或单层立方上皮。锤骨柄嵌入鼓膜纤维层（见图 1.16），导致形成一个内陷，叫作鼓膜凸。鼓膜从紧张部鼓膜凸放射状再生，向外围逐渐变厚。可见锤骨穿过紧张部形成白色条纹叫作锤纹。

砧骨和锤骨头几乎完全填充在小的鼓室上隐窝内（图 1.18）。锤骨有三个附着物：鼓膜、岩颞骨和砧骨。砧骨悬于镫骨和锤骨之间，镫骨底板连在前庭窗表面的膜上。锤骨受鼓膜张肌控制，鼓膜张肌起源于鼓泡，受三叉神经的分支——鼓膜张肌神经支配。鼓膜张肌的收缩使鼓膜更加坚硬。镫骨肌同样起源于鼓泡。它附着于镫骨上，受面神经镫骨支支配。镫骨肌有大噪声收缩反射，减少镫骨运动可防止耳损伤。

隆突是鼓室腔背内侧壁的骨性隆起，内有耳蜗（图1.19）。隆突位于鼓膜对面，鼓室上隐窝内侧。耳蜗（圆）窗位于隆突的后外侧，是对耳蜗鼓阶外淋巴的开口。耳蜗窗覆盖着薄的第二鼓膜，通过振动可减缓耳蜗外淋巴的振动。前庭（卵圆）窗位于隆突背外侧面，被一层附着于镫骨底部的薄膜覆盖。面对前庭窗的是一个裂缝样的开口通向面神经管，供面神经穿过。

耳管或咽鼓管将鼓室与鼻咽部连接起来（图1.20）。它是卵圆形的，长5~15mm，直径为1~3mm。耳咽鼓管始于一个骨质短管，穿过颞骨的通道，从颅骨前内侧到鼓泡是肌质管的通道（图1.19）。在鼓室腔内，从固有鼓室前表面可见它的近端小孔。其远端有狭窄的软骨槽支持，通向鼻咽外侧壁，在软腭背外侧的中央。

耳咽鼓管的功能是平衡鼓膜两侧的压力。它的末端可通过腭帆张肌的牵拉开放，否则会由于空气和黏液接触形成的表面张力而保持关闭。同呼吸道一样，咽鼓管内附含有杯状细胞的假复层纤毛柱状上皮。

鼓室腔与几个神经和血管密切相关，因此，中耳疾病或手术创伤可导致其损伤（图1.21）。眼和眼眶的交感神经、节后神经共同称作颈内动脉神经，在犬与颈内动脉伴行走颈动脉管，在鼓室被一薄骨板分开。

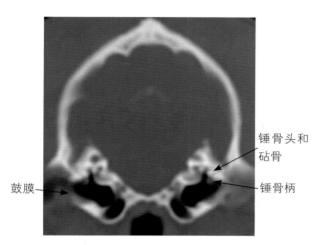

图1.18 犬颅骨横断面CT影像显示出锤骨和鼓膜的位置（中国农业大学动物医院：影像科供图）

鼓膜

锤骨头和砧骨

锤骨柄

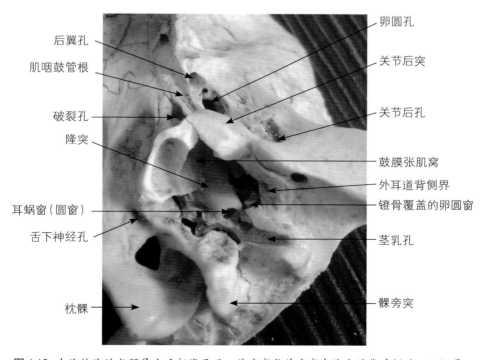

后翼孔

肌咽鼓管根

破裂孔

隆突

耳蜗窗（圆窗）

舌下神经孔

枕髁

卵圆孔

关节后突

关节后孔

鼓膜张肌窝

外耳道背侧界

镫骨覆盖的卵圆窗

茎乳孔

髁旁突

图1.19 去除鼓泡的犬颅骨右后部腹面观。前庭窗或前庭窗在隆突的背外侧面，正好是耳蜗（圆）窗的前面（中国农业大学：王宏钧，常建宇供图）

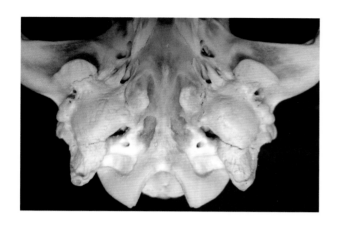

图1.20 犬颅骨后半部分腹面观（下颌骨被移除）。咽鼓管起于鼓泡背外侧壁（嵌入），刚好同肌性咽鼓管一样，在鼓膜张肌附着点前面。远端开口于鼻咽背外侧壁前面，恰在同侧翼突或钩内侧

面神经穿过岩颞骨中的乙状面神经管。面神经管是一条通向鼓室腔外侧前庭窗的不完整的通道。面神经离开岩颞骨穿过茎乳突孔。

鼓索，是一个面神经的分支，经过鼓室上隐窝内的锤骨基部内侧。有时称鼓室神经。鼓索支配下颌骨、舌下腺和舌前2/3的菌状乳突。如果由于中耳炎时神经受损，同侧乳突可能会萎缩。

鼓室丛位于隆突，主要由舌咽神经（脑神经IX）鼓室支形成。舌咽神的鼓室支支配鼓泡内层，提供压力和疼痛感受，支配腮腺和颧腺。

耳颞神经，是下颌神经的一个分支，经过颞骨关节后突内侧和后侧，出现在耳软骨后侧基部和咬肌前缘之间。它的一个分支，外耳道神经，

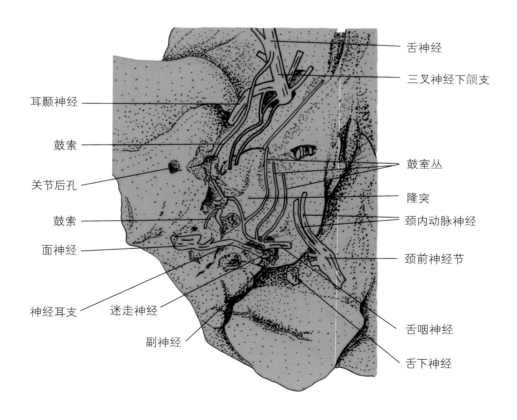

舌神经
三叉神经下颌支
耳颞神经
鼓索
关节后孔
鼓索
面神经
鼓室丛
隆突
颈内动脉神经
颈前神经节
神经耳支
迷走神经
副神经
舌咽神经
舌下神经

图1.21 犬颅骨（去除右侧鼓泡）的腹侧观，带有局部神经示意图。面神经穿过鼓室上隐窝内的面神经管——一个S形槽，出口于外耳道近后侧的茎乳突孔。耳后静脉，颞静脉窦的终点，从关节后孔穿出，同时颈内动脉与颈内动脉神经在薄骨板下伴行。颈静脉突是二腹肌后侧附着点（祖国红供图）

支配鼓膜附近外耳道感觉。另一分支，耳前神经，支配耳屏侧面和耳廓凹面前腹侧缘皮肤。

颈内动脉（图1.22）进入颈静脉孔，与颈内动脉神经的交感神经伴行穿过鼓室枕骨裂或岩枕裂经颈动脉管进入中耳（图1.23）。由鼓泡后内缘破裂孔离开。附近的岩枕管传送腹侧的岩静脉窦。舌咽神经（IX）、迷走神经（X）和副神经（XI）的轴突也穿过颈静脉孔，经过鼓室枕骨裂。

颞深后动脉

颈外动脉在与颈内动脉分叉处向头端，从内部向外经过鼓泡基部，然后由外耳道的下面向前形成S形（见图1.22）。它发出数个分支，包括耳后动脉和颞浅动脉。耳后动脉在环形软骨基部环绕耳的后半部分。颞浅动脉位于耳软骨基部前面的范围内。

1.3 猫的中耳

如犬一样，猫的听小骨位于鼓室上隐窝内部（图1.24）。猫的突出松弛部小得多，因此，通过鼓膜更容易看见锤骨柄（图1.25）。猫的鼓泡

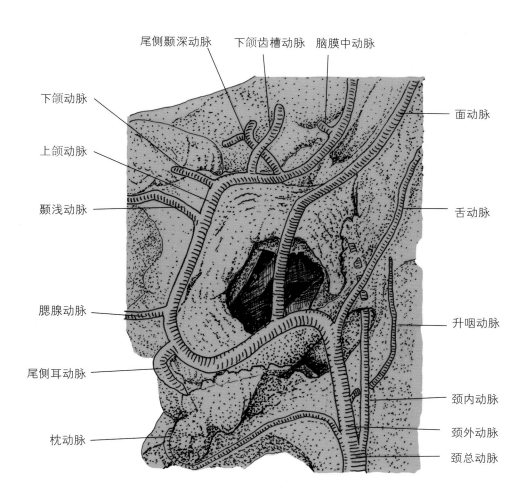

图1.22 犬右侧鼓泡与部分动脉的关系。在这个视野下，进行腹侧鼓泡切开，可见锤骨柄。颈内动脉穿过鼓泡（或岩）枕裂，经颈动脉管，穿出后在行至脑部前返回破裂孔（祖国红供图）

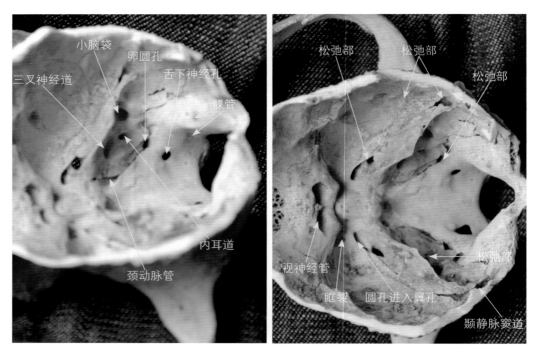

图1.23 开放的犬颅骨背外侧（A）和背侧（B）观（中国农业大学：王宏钧，常建宇供图）

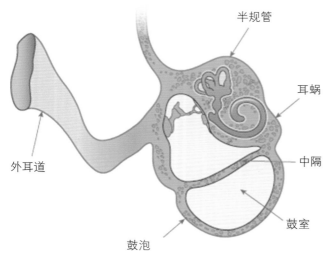

图1.24 同犬一样，猫的听小骨在鼓室上隐窝内，从鼓膜延伸到前庭窗。骨质隔板将鼓泡分成两个腔

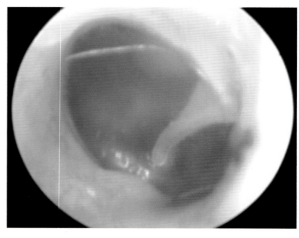

图1.25 通过鼓膜很容易看见这只猫的锤骨柄（自UTCVMD皮肤科©2012田纳西大学）

比犬更突出，在鼓泡腹侧骨切开时更易通过触诊定位鼓泡（图1.26）。猫的鼓室腔被薄的骨质隔板分成两个腔（图1.27），位于中前到中外侧（图1.28）背外侧腔是两个中较小的（图1.29）。

其外侧壁主要由鼓膜组成，垂直于水平耳道长轴。背外侧腔的大部分被居于鼓室中间的听小骨占据。咽鼓管的开口在背外侧腔的前内侧。腹内侧腔也向后延伸到背外侧腔，主要是充满空气的鼓泡。

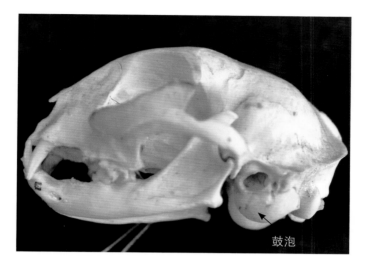

鼓泡

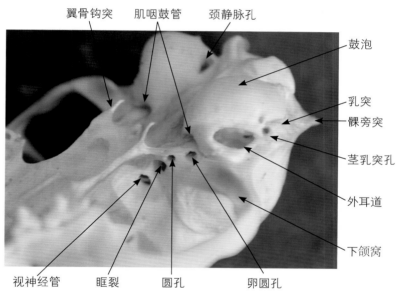

翼骨钩突　　肌咽鼓管　　颈静脉孔

鼓泡

乳突
髁旁突

茎乳突孔

外耳道

下颌窝

视神经管　　眶裂　　圆孔　　卵圆孔

图 1.26　猫的颅骨。（A）左侧观。（B）右腹外侧观。鼓泡由腹侧延伸至关节后突和颈静脉突（中国农业大学：王宏钧，常建宇供图）

隔板将鼓泡从背侧不完整的分开；髓裂在背外侧腔的后内侧与腹内侧腔相通（图 1.30）。裂缝后部扩大进入一个三角孔中，其内侧壁被朝向侧面的耳蜗窗占据。鼓泡背侧壁上的隆突在耳蜗窗的内侧并延伸至隔板两侧。

鼓索，起源于面神经向后到鼓膜，经前、内侧到达听小骨（图 1.31）。咽鼓管起于这个腔室前壁的背内侧。

节后交感神经进入鼓室 – 枕骨裂隙后到达鼓泡，路径与颈内动脉向邻近。舌咽神经的鼓室支在鼓室 – 枕骨裂隙内与之汇合，所以它们共同形成颈鼓神经。神经进入鼓室腔内位于隆突尾端腹内侧室，之后分支并呈扇形散开形成鼓室丛。神经丛分布于隆突暴露面，易受外伤损害。损伤这些神经可导致霍纳氏综合征，表现为减数分裂、眼球内陷和第三眼睑脱垂。在隆突前缘，鼓室丛

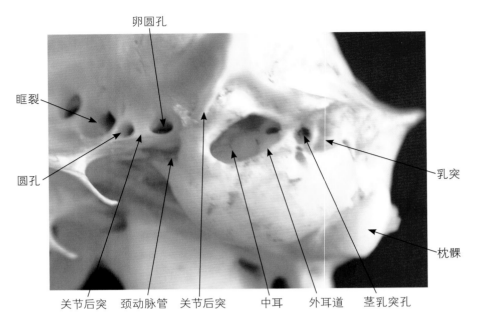

卵圆孔

眶裂

圆孔

乳突

枕髁

关节后突　颈动脉管　关节后突　中耳　外耳道　茎乳突孔

图 1.27　猫鼓泡左侧近观，可见隔板通过骨质的外耳道（中国农业大学：王宏钧，常建宇供图）

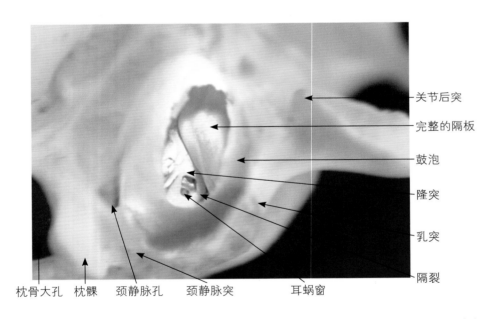

关节后突

完整的隔板

鼓泡

隆突

乳突

隔裂

枕骨大孔　枕髁　颈静脉孔　颈静脉突　耳蜗窗

图 1.28　猫颅骨腹侧观：为显示出完整的隔板，将左侧鼓泡底去除（似鼓泡腹侧切开术）（中国农业大学：王宏钧，常建宇供图）

神经纤维穿过交通裂隙进入背内侧室，隆突腹侧的骨脊对它们有一定程度的保护作用。鼓室丛的交感神经经颞骨岩部内侧离开中耳，至咽鼓管（eustachian 管）（图 1.32），参与三叉神经的眼神经分支（V），到达眼部。咽鼓管（eustachian 管）终止于鼻咽部背外侧，刚好是翼骨钩突内侧（图 1.33）。

1.4　内耳

内耳包括听觉感受器和平衡感受器（图1.34和图1.35）。它位于颞骨的岩部内（图1.36）且由套于骨迷路中的膜迷路组成。

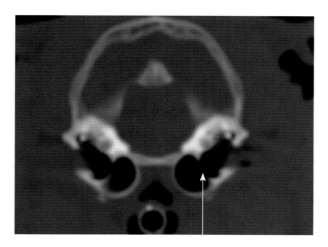

图1.29　正常猫CT扫描。注意将背外侧腔和腹内侧腔分开的隔板（箭头）（中国农业大学动物医院：影像科供图）

骨迷路包括骨半规管、耳蜗以及与将两者相联并称为前庭的中央室（图1.37）。骨前庭分椭圆囊和球囊，膜迷路位于骨迷路之中，而且它的构成与其周围的骨结构有相似的名称。它包括半规管、耳蜗管、椭圆囊和球囊。膜性半规管和耳蜗管分别形成了椭圆囊和球囊。

位于膜迷路内的液体称为内淋巴，位于其周围的液体称为外淋巴。这个系统就像鸡蛋一样，在这个系统中，膜迷路——蛋黄，悬浮在一层位于骨迷路——卵壳中的外淋巴内。椭圆囊和球囊通过其间的椭圆囊球囊管相联系，它使得内淋巴在耳蜗和半规管之间流动，因此，也是听觉和平衡器官之间（的联系）。

蜗导水管将鼓阶的外淋巴周围间隙与蛛网膜下腔相连接（图1.38）。通过在蜗导水管内的外淋巴管，外淋巴与脑脊液相通，使得中耳的感染可传播到脑膜，内淋巴管穿行于前庭水管，尽管内淋巴管不直接与蛛网膜下腔相连，但它结束于一个位于硬膜外腔的脑膜旁的内淋巴囊中。

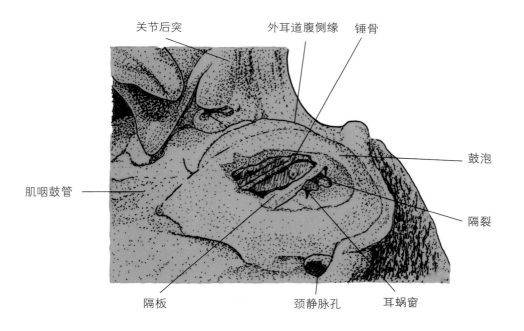

关节后突　　外耳道腹侧缘　　锤骨

肌咽鼓管

鼓泡

隔裂

隔板　　　颈静脉孔　　耳蜗窗

图1.30　猫颅骨的腹侧观，部分去除隔板后显示左侧鼓泡内部（结构）。在隔板后背侧的裂隙使得两腔室相通。蜗（圆）窗位于裂隙背侧面（祖国红供图）

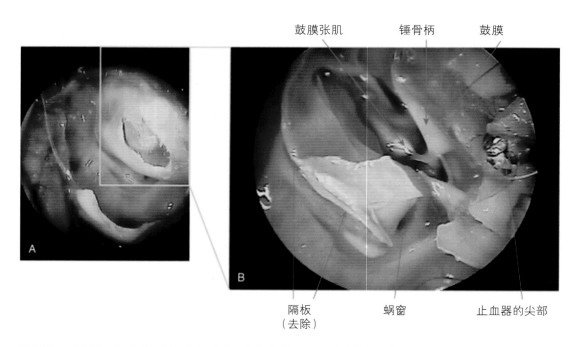

鼓膜张肌　　**锤骨柄**　　**鼓膜**

隔板　　**蜗窗**　　**止血器的尖部**
（去除）

图1.31　猫左侧鼓泡（尸体样本）腹侧观的耳镜影像。（A）去除部分隔板，但内侧衬里仍然保持完整。（B）大部分隔板和衬里都被去除，且耳镜进入到背外侧室。为了定位，在外耳道插入了一个止血器，且穿入了鼓膜的腹侧部分。锤骨柄嵌入到背侧的鼓膜里

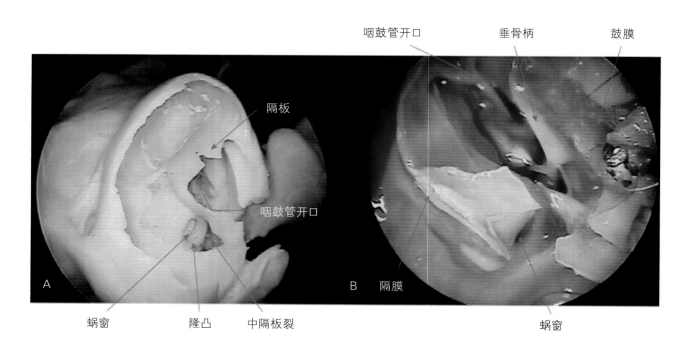

咽鼓管开口　　**垂骨柄**　　**鼓膜**

隔板

咽鼓管开口

隔膜

蜗窗　　**隆凸**　　**中隔板裂**

蜗窗

图1.32　猫左侧鼓泡内的咽鼓管开口。鼓泡被去除且鼓膜已打开。在猫颅背外侧室中可见肌性咽鼓管的开口（A）猫尸体的腹侧鼓泡切开术后出现狭缝样的耳镜检查图像（B）

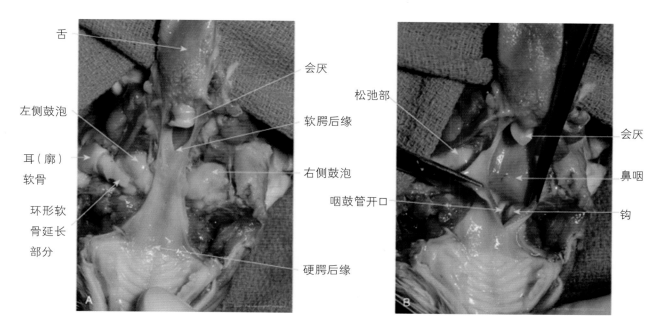

图 1.33　猫头部腹侧观，去掉下颌骨后的。（A）鼓泡与鼻咽紧密的相连。对猫来说，环形软骨有一个舌状的延长部分，正常情况下附着在鼓泡腹侧面。在这具尸体中，环形软骨延长部分已经从右侧去除且转移到颅骨左边。（B）当软腭被切开并收缩时，就可以看到右咽鼓管的开口（Phil Snow 摄，UTCVM ©2012 田纳西大学）

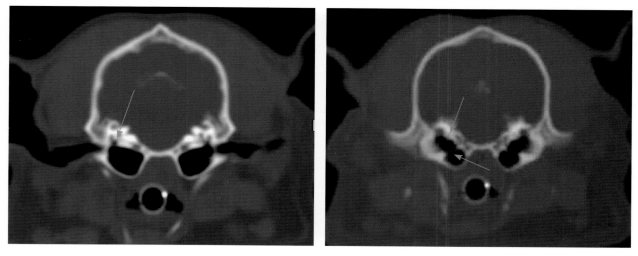

图 1.34　犬中耳和内耳的 CT 扫描图。（A）在右侧鼓泡上方可见半规管，而在左侧鼓泡上方可见前庭和耳蜗后缘。（B）在一个更加靠前的图像中，右侧鼓泡的固有鼓室上方可以看到耳蜗，并有覆盖镫骨脚的前庭窗。进入左侧鼓跑的耳蜗就可以看到蜗窗。在两侧的鼓泡内锤骨和隔板很明显（中国农业大学动物医院：影像科供图）

1.4.1　平衡

犬和猫有三个半规管彼此呈直角。每个半规管终止于壶腹，内有由脊和冠组成的壶腹嵴（图 1.39）。这个冠横向位于所在半规管内淋巴的水流方向上。壶腹嵴上的感觉细胞上有纤毛，或叫作毛细胞，嵌入凝胶状基质，或叫作壶腹帽。当内淋巴流入或流出所在半规管时，这基质起旋转加速器的作用。引起纤毛的运动可刺激产生动作电位由前庭神经传入大脑。在椭圆囊和球囊的感觉部位叫作斑，分别位于水平和垂直面，斑的

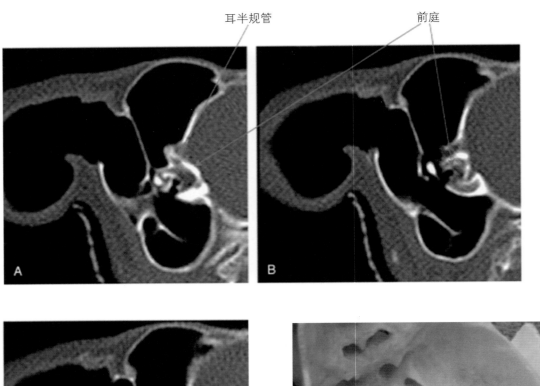

耳半规管　　　　　　　　前庭

半规管

图 1.35　丝毛鼠右内耳的系列 CT 扫描图，从后向前。此位置在 CT 扫描图中容易找到半规管（A），前庭（B），耳蜗（C）

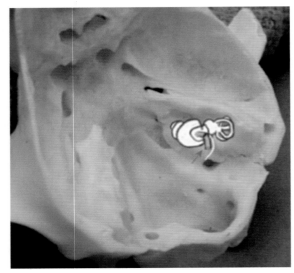

图 1.36　从颅骨内部可见位于颞骨岩部的内耳，前庭耳蜗神经（蓝箭头）通过内耳道离开岩颞骨

感觉细胞也覆盖有纤毛，在不同方向引起线性加速和减速并负责感知头部的静态位置。

1.4.2 听觉

　　耳蜗是将声波转化为神经冲动的主要器官（图 1.40）。耳蜗螺旋从背侧到腹侧围绕一个中空的核，蜗轴，内有耳蜗神经。一个格架（旋转格层）由蜗轴伸出作为耳蜗管的内部附着部位，一直延伸到骨性外侧壁。旋转格层和耳蜗管将耳蜗分为两个充满外淋巴的腔室：前庭阶和鼓阶（图 1.41）。在耳蜗螺旋顶端连接前庭阶和鼓阶的小孔叫作蜗孔。耳蜗（圆）窗在鼓阶的末端，而前庭（卵圆）窗在前庭内前庭阶的起始部位附近。

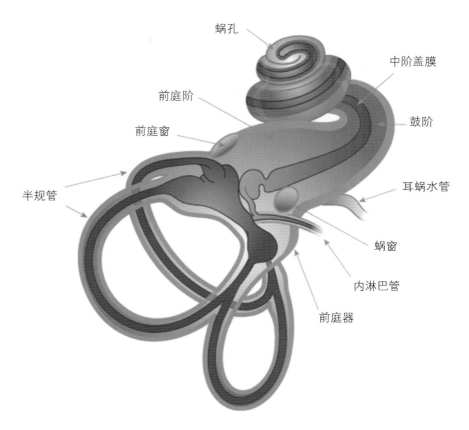

图 1.37　含有内淋巴（棕色）的膜迷路被外淋巴（蓝色）包围，外淋巴（蓝色）包含在骨迷路中，并通过耳蜗导管与脑脊液相通。震动由外淋巴的前庭阶开始，上传通过蜗孔再下传回鼓阶内

图 1.38　内淋巴（棕色），流入位于脑膜旁的内淋巴囊中

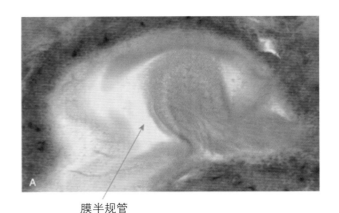

膜半规管

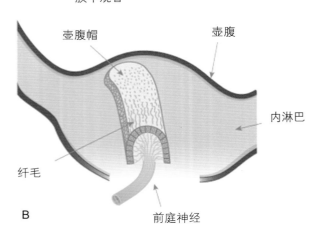

壶腹帽　　　　　壶腹

内淋巴

纤毛

B

前庭神经

图1.39　壶腹嵴（A）由表面有纤毛的感觉细胞组成，这些细胞嵌入疏松胶状的壶腹帽（B）。由于内淋巴流动而使壶腹顶发生弯曲，刺激产生动作电位，由前庭神经传递到大脑（Specimen photo Courtesy,UTCVM Virtual Microscope © 2012 The University of Tennessee）

蜗管内充满内淋巴的腔室称为中阶（图1.42)。中阶的底部由基底膜构成，顶层则由前庭膜构成。紧贴弯曲的耳蜗管的（中阶的）壁由螺旋韧带形成，螺旋韧带是增厚的骨膜。螺旋韧带有一部分叫作血管纹，其中包含很多的毛细血管袢，分泌中阶的内淋巴。

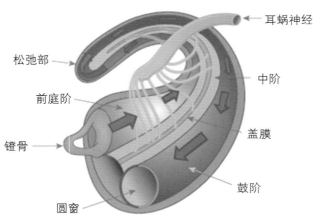

耳蜗神经

松弛部

中阶

前庭阶

盖膜

镫骨

鼓阶

圆窗

图1.41　耳蜗的模式图，展开。流体波上传到前庭阶并下传至鼓阶，到达起回潮作用的耳蜗窗。波使中阶中的内淋巴振动。（然后）依次耳蜗覆膜沿毛细胞震动，产生的神经冲动由耳蜗神经传递到脑（祖国红供图）

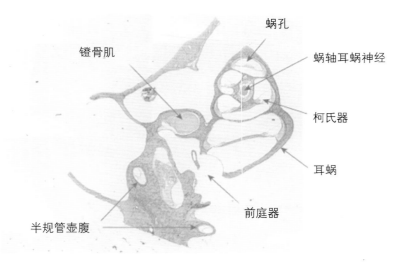

蜗孔

镫骨肌

蜗轴耳蜗神经

柯氏器

耳蜗

前庭器

半规管壶腹

图1.40　大鼠内耳横切面显示出耳蜗，前庭器和半规管之间的联系 (Courtesy,UTCVM Virtual Microscope © 2012 The University of Tennessee)

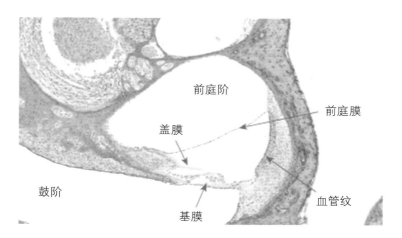

图 1.42　柯氏器是一种具有听觉的感觉器官，沿基膜底部分布（Courtesy,UTCVM Virtual Microscope © 2012 The University of Tennessee）

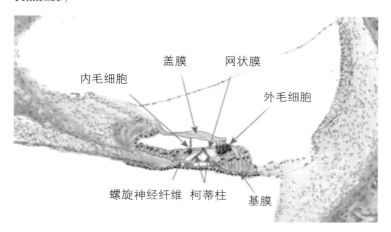

图 1.43　柯氏器由耳蜗覆膜，毛细胞和支持细胞组成。基底膜的震动导致静纤毛与盖膜之间的剪切力。随后毛细胞去极化产生的神经冲动由耳蜗神经纤维传导至大脑

　　柯氏器（图 1.43）是一种特化的，增厚的上皮，沿中阶的基底膜呈螺旋状排列。柯氏器的感觉毛细胞（静纤毛）受耳蜗神经末梢支配。叶状的盖膜覆盖于静纤毛上。沿静纤毛顶端分布的蜗管网状膜受到柯蒂柱的支持。

　　由耳廓和外耳收集的声波引起鼓膜振动。这些振动由听小骨传递到前庭窗进入前庭阶。声波在前庭阶的传播的被基部的前庭膜传播到中阶内淋巴。依次耳蜗覆膜震动，触动静纤毛。当静纤毛弯曲时去极化，引发神经冲动由耳蜗神经传递到大脑。

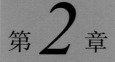

第2章 诊断技术

Sue Paterson

一系列诊断技术可用于研究犬猫耳病。许多快速基础试验在常规实验室内，可由初级治疗兽医师进行操作。其他更先进的技术，如X线、CT和MRI在某些情况下也可能有用，但后两者仅限于转诊医院才能完成。

耳廓和耳道都可提供诊断信息，应尽可能从这两个部位采样。耳廓的检查方法取决于临床症状，特别是原发病变的症状。耳道和中耳采样方法要尽可能标准化。

2.1 耳廓

2.1.1 基础诊断试验

快速小结见表2.1

玻片压诊法

这是一个简单有效的方法，用于鉴别血管充血和出血之间的差别。在红斑性病变上放置一张载玻片并轻柔按压。

· 按压时病变发白，说明是血管扩张充血引起的红斑。

· 在按压时病变不能变白，说明是红细胞从血管漏出，引起的皮下出血。

表 2.1　耳廓病变和最适合的诊断试验

症状	最适合的试验	主要鉴别诊断
红斑	胶带粘贴、玻片压诊	过敏、马拉色菌、出血
结痂和皮屑	皮肤浅刮、胶带粘贴、皮肤癣菌培养	疥螨、皮肤癣菌病、内分泌病、免疫介导性疾病
脓疱	脓疱细胞学，培养，活检	脓皮病、无菌性脓疱性疾病（特别是落叶型天疱疮）
丘疹	丘疹细胞学、按压涂片	外寄生虫、脓皮病
结节	细针抽吸、按压涂片、活检	肿瘤、增生、感染性脓性肉芽肿性疾病
溃疡	按压涂片、溃疡边缘活检	血管炎、免疫介导性疾病
脱毛	皮肤刮片、拔毛、皮肤癣菌培养、活检	蠕形螨、皮肤癣菌病、内分泌病

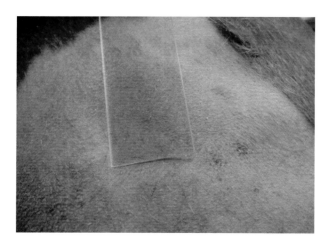

图 2.1　玻片压诊出血性病变不能变白

图 2.3　将胶带外翻并粘贴在载玻片上

图 2.2　在脱毛部位用力按压胶带

图 2.4　将胶带在改良的瑞氏染液（Diff-Quik）中染色

醋酸胶带按压涂片

这项技术可用于皮肤或毛发采样。

Hair　毛发

在被毛上反复按压胶带，以收集毛发中的虱卵和皮肤表面的寄生虫，如虱子、恙螨。这样可以有效捕获那些肉眼可见，而且迅速移动的寄生虫。

Skin　皮肤

耳廓脱毛部分用胶带用力按压（图 2.2）。作者常用拇指指甲轻轻摩擦胶带，以确保胶带与

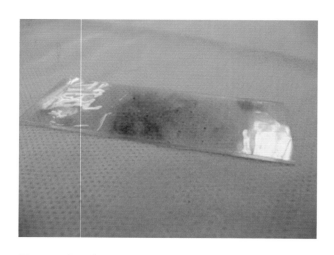

图 2.5　将胶带胶面向下，固定在载玻片上，进行检查

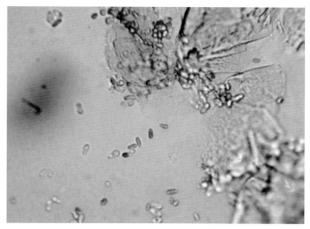

图 2.6　醋酸胶带上的厚皮马拉色菌

表 2.2　皮肤刮取物试剂的优点和缺点

石蜡油	氢氧化钾
无皮肤刺激	可能有皮肤刺激
不能使样本透明	可通过溶解角质使样本透明
不会杀死螨虫，移动的螨虫因此更易鉴别	杀死螨虫
如样本没有被及时检查，螨虫可能蜷缩，可使鉴别困难	螨虫完整且身体部位更易观察

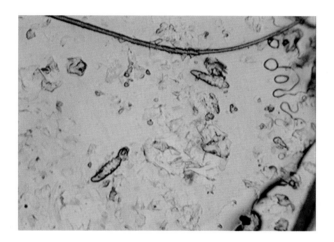

图 2.7　耳廓胶带上粘贴的表皮蠕形螨

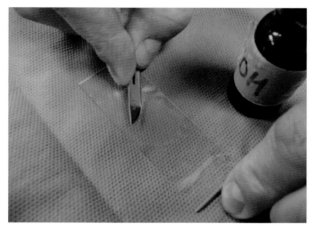

图 2.8　使用前磨钝手术刀片

皮肤充分接触。然后将胶带胶面外翻贴于载玻片上（图 2.3）。胶带用改良后的瑞氏染液，如 Diff-Quik 染色（图 2.4），之后小心反转胶面，向下置于载玻片上进行检查（图 2.5）。胶带充当盖玻片，必要时样本可用高倍镜（100× 油镜）检查。此方法可用于鉴定皮肤表面的细菌；特别是马拉色菌这种酵母菌（图 2.6）；以及寄生虫，尤其是体表生活的蠕形螨——犬表皮蠕形螨（图 2.7）和猫戈托伊蠕形螨。

皮肤刮片

刮取物可置于石蜡油或 10% 氢氧化钾试剂中。在样本中轻柔加入几滴液体石蜡，然后放置盖玻片。氢氧化钾用于样本时最好停留 10~15min，可在镜检前轻微加热，让氢氧化钾溶解角质使视野透明。两种添加试剂的优点和缺点（表 2.2）。

皮肤浅刮

使用手术刀片前应在载玻片上轻柔磨钝（图 2.8）。为了更好的收集病料，刮取被毛和浅表皮肤后，可以使用 10% 氢氧化钾或石蜡油湿润样本。如果被毛很厚，可以轻柔剃毛。通常应使手术刀片垂直于皮肤，然后在载玻片上

图 2.9　将刮取物置于载玻片上摊薄

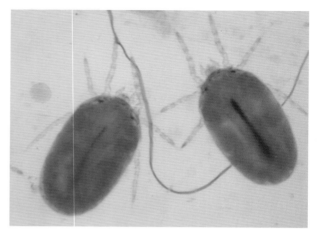

图 2.11　犬耳部的秋恙螨

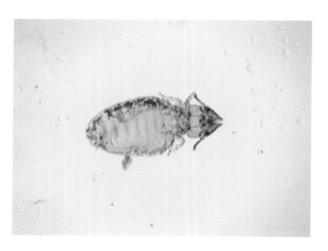

图 2.10　猫耳部的猫虱

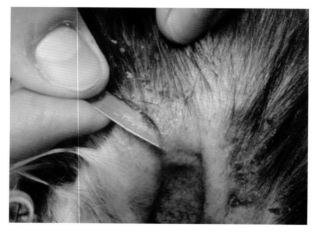

图 2.12　皮肤深刮可见毛细血管渗出

摊薄刮取物（图 2.9）。多数样本应从未擦伤的区域获取。使用氢氧化钾时，可将载玻片轻微加热，和 / 或在检查前静置 10~15min 以溶解角质。此技术最适合用于体表寄生虫的检查，如虱子（图 2.10）和恙螨（图 2.11）。

皮肤深刮

本技术与皮肤浅刮相同，唯独刮取物应从皮肤深处获得，刮取过程应使皮肤出现红斑和毛细血管轻度渗出（图 2.12）。疥螨检查应从耳廓结痂区域取得刮取物（图 2.13）。可见典型的螨虫

圆形虫体、虫卵（图 2.14）和粪便。如怀疑有毛囊蠕形螨（犬蠕形螨或猫蠕形螨），应从耳廓的无毛处刮片，如有可能在粉刺形成的区域刮片。可挤压皮肤使螨虫从毛囊中排出。

拔毛

拔毛可以有效评估多种指标，包括真菌感染、毛干异常和毛发生长周期。采集样本时，用拇指与食指紧抓毛发，并迅速拔出（图 2.15）。小止血钳可用于拔毛，但可能引起人为的毛干变形。随后毛发放置于液体石蜡或 10% 氢氧化钾中。

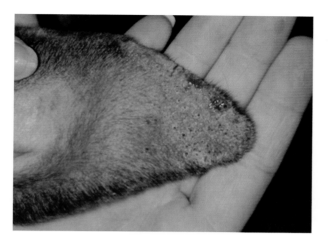

图 2.13 耳缘疥螨检查的皮肤深刮位置

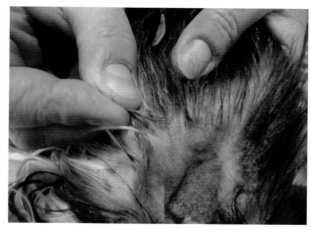

图 2.15 耳廓拔毛，置于 10% 氢氧化钾中检查

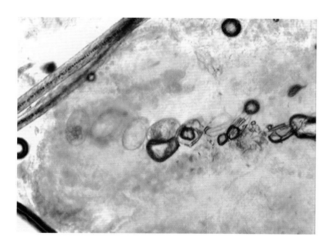

图 2.14 皮肤刮取物中的疥螨卵

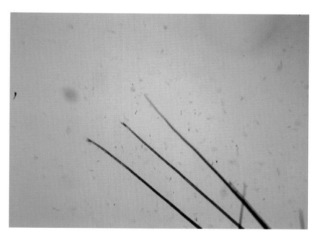

图 2.16 毛尖损伤提示自我损伤

毛尖

毛尖检查主要用于怀疑损伤性脱毛时。毛尖断裂提示有自我损伤（图 2.16）。内分泌病引起的脱毛，毛尖仍为细小的锥形（图 2.17）。

毛干

皮肤癣菌的毛外癣菌孢子可通过毛干鉴定。小球形结构的孢子沿毛干排列。色素沿毛干聚集的色素变化，是色素突变性脱毛毛囊发育不良的典型特征（图 2.18）。皮脂腺炎、毛囊营养不良、蠕形螨病（图 2.19）和肾上腺皮质机能亢进都可

图 2.17 正常的锥形毛尖

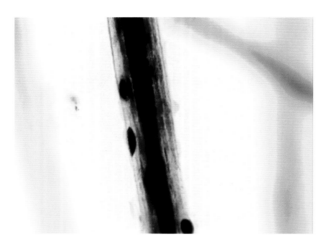

图 2.18　色素突变性脱毛的毛干，出现色素聚集

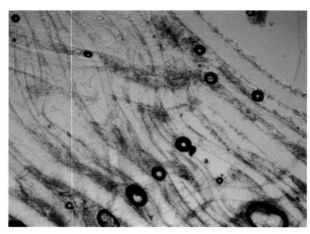

图 2.20　犬蠕形螨依偎着毛干

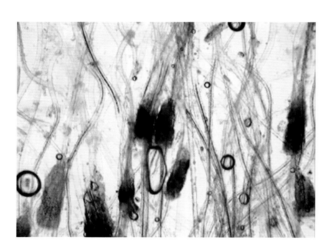

图 2.19　蠕形螨病中毛发上的毛囊管型

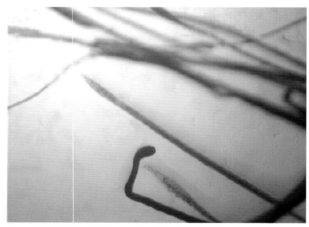

图 2.21　可见生长期和静止期毛根

见毛囊管型。毛干还可见附于其上的虱卵，已经与根部毛干平行的毛囊蠕形螨（图 2.20）。

毛根

毛根检查用来评估每根毛发生长周期的阶段（图 2.21）。

· 静止期毛发呈细长的无色素的长矛形毛根。静止阶段的毛发常见于内分泌病。健康犬的多数毛发都处于这个阶段。

· 生长期毛发有弯的，棒状的深色毛根。这是生长中的毛发，可见于正常的犬上。毛发持续生长的犬，如贵宾犬，多数毛发处于这个阶段。

皮肤细胞学

细胞学检查是临床医生寻找感染（细菌、酵母菌、癣菌），和评估浸润细胞类型（肿瘤、炎性细胞、棘层松懈细胞）的有效方法。

可采用三种技术：直接按压涂片、脓疱内容物检查或细针抽吸。

直接按压涂片

这种技术适用于任何渗出性病变，如糜烂、溃疡、丘疹和疖，或结痂下病变。

· 用无菌的 25 号针头刺破非渗出性病变，可取得液体（图 2.22）。

- 用载玻片在病变处轻柔按压收集渗出物（图 2.23）。
- 样本可风干或小心加热干燥（作者使用干手机）。
- 载玻片使用改良的瑞氏染液（Diff-Quik）染色，从载玻片背面轻柔冲洗，并再次干燥。
- 样本应先在低倍镜下检查（10 倍物镜视野），选定区域后，在高倍（40 倍物镜）或油镜（100 倍物镜）下进一步检查。

脓疱内容物检查

这个方法可以鉴定脓疱病变是感染还是无菌。使用 25 号无菌针头挑破脓疱，并用载玻片轻压内容物。染色同前。

结果包括：

- 细菌加上退变性中性粒细胞，可以确定细菌感染（图 2.24）。
- 棘层松懈细胞（圆形有核的角质形成细胞）和非退变性白细胞（常为中性粒细胞和嗜酸性粒细胞），见于免疫性疾病，如天疱疮（图 2.25）。
- 蠕形螨、细菌和退变性中性粒细胞——可见于毛囊型蠕形螨病的病例（图 2.26）。

细针抽吸

细针抽吸适用于结节性病变，特别是肿瘤和脓性肉芽肿性疾病。

- 用 21~23 号针头连接 2mL 或 5mL 注射器。
- 病变应用酒精消毒，并用拇指和食指固定。
- 针头刺入病变后，抽拉注射器栓产生负压。针头在不移开病变的情况下，不断变换方向，以抽出尽可能多的样本（图 2.27）。

针头撤出前应先释放针管压力。如针管中可见血液，应停止采样。

拔下针头并抽拉注射器栓，使针管充满空气（图 2.28）。

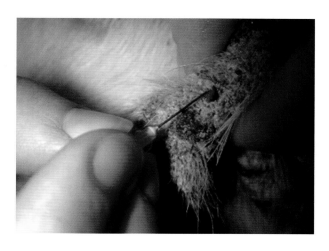

图 2.22　刺破非渗出性病变获取液体

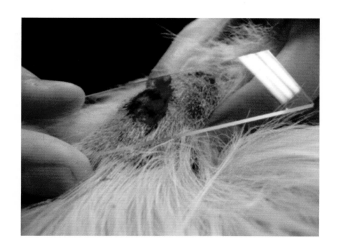

图 2.23　载玻片置于在病变上以收集渗出物

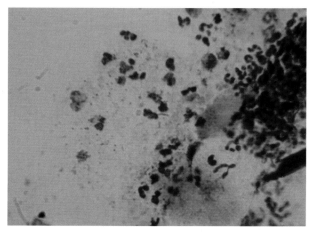

图 2.24　感染区域中的细菌和中性粒细胞

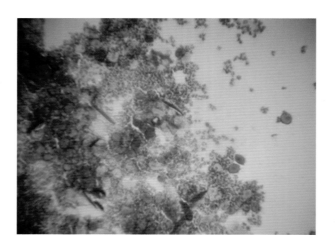

图 2.25　落叶型天疱疮病例中的非退变性中性粒细胞和棘层松懈细胞

图 2.27　23 号针头刺入病变

图 2.26　脓疱中的中性粒细胞和蠕形螨

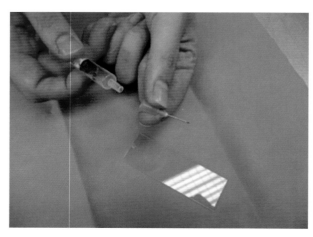

图 2.28　移开针头并抽拉注射器栓

　　针头与针管重新相连，将针头内容物挤出，置于清洁的载玻片上（图 2.29）。

　　将样本轻柔涂片，染色同上。在高倍镜（40 倍物镜）或油镜（100 倍物镜）观察前，应先用低倍镜（4 倍物镜或 10 倍物镜）浏览载玻片，寻找需要进一步观察的区域。

2.1.2 活检

　　需要耳廓活检的情况很少。活检尽量选择处于早期的原发病变。用打孔器在早期原发病变处

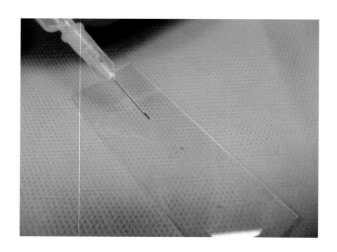

图 2.29　注射器中的内容物推出在载玻片上

采样，很容易取得活检样本。打孔器活检在耳翼
处采样虽然容易，但缝合总会引起耳廓变形，因
此最好避免。椭圆形的活检更易缝合，丘疹和结
节最好使用切除法采集活检样本。活检的主要适
应症包括。

- 怀疑肿瘤性病变
- 溃疡和水疱性病变
- 合理治疗无效的皮肤病
- 在使用昂贵或有潜在风险的药物前，需要
进行诊断。

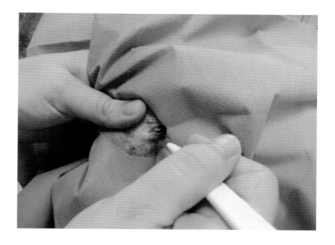

图 2.30 按照椭圆形切除病变

耳廓切除活检技术

（1）选择一个适当的活检部位。尽量选择
原发病变（如脓疱、丘疹、结节）并切取整个病变。
溃疡或糜烂处应在病变与正常皮肤交界处进行椭
圆形切开。继发病变活检（如苔藓化、色素过度
沉着）几乎没什么用处。不像其他部位，耳廓活
检很难取得多个样本。

（2）轻柔剃毛但不备皮，否则会由于浅表
病变的移除使结果改变。

（3）皮下注射局麻药物 [如利诺卡因（利多
卡因）、奴佛卡因、阿替卡因]。

（4）用手术刀片在病变周围进行椭圆形
切割（图 2.30）。用小镊子夹住样本最边缘，
可使用精细手术剪将样本与下层组织仔细分离
（图 2.31）。样本应包括全层皮肤，但不应包括
软骨（图 2.32）。

（5）将样本置于一张卡片上，并放入 10%
福尔马林溶液中。

（6）不能缝合的活检部位可用激光控制出
血（激光不能用于可能进行活检的部位），并等
待继发张力帮助伤口愈合（图 2.33，图 2.34）。

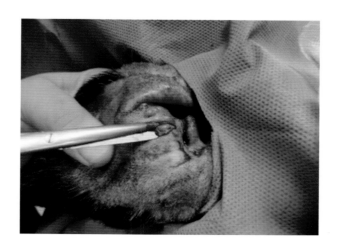

图 2.31 将样本与下层组织分离

真菌培养

皮肤癣菌培养可用于任何的猫耳廓皮肤病。
可用无菌牙刷、毛刷或地毯刷。

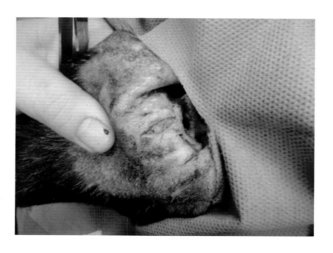

图 2.32 活检样本应包括皮肤全层，但通常不包括软骨

图2.33　如病变不能缝合，应用激光处理

图2.35　用无菌牙刷进行皮肤癣菌培养

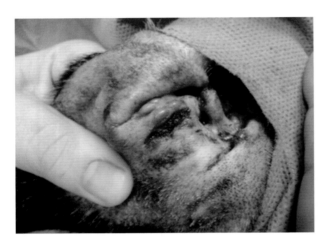

图2.34　采集活检样本后，激光处理过的病变

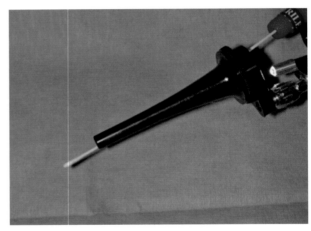

图2.36　棉签被很好防护，并从水平耳道取得样本

病变采样

在病变及外周至少3cm的区域内，刷拭收集毛发和皮屑样本（图2.35）。或用无菌镊子拔取皮屑、结痂和毛发。

伍德氏灯检查可有帮助选择适合采样的毛发。

2.2 外耳道

2.2.1 外耳道耳垢／耳分泌物检查

针对外耳道的化验检查，应进行不染色和染色两种样本处理方式。通过化验结果，可以制定初期治疗方案，同时等待培养结果，化验检查也可用于监测疾病发展。

样本应尽可能取自水平耳道。通常很难避开垂直耳道的常驻菌。可用清洁的耳镜做好棉签防护，以收集水平耳道内的样本（图2.36）。

初步采样

棉签从外耳道收集的耳垢，滚动置于载玻片上制备平片（图2.37）。对样本先进行不染色检查。应先于低倍镜下观察（4倍，10倍）；很少需要高倍镜。此技术可用于鉴定蠕形螨（图2.38）和耳螨（图2.39）。

图 2.37　棉签在载玻片上滚动

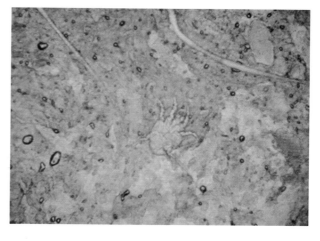

图 2.39　耳垢中的耳螨

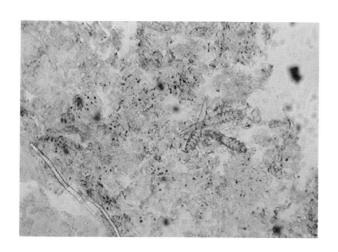

图 2.38　耳垢中的犬蠕形螨

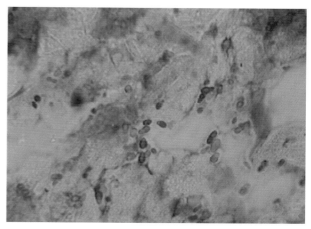

图 2.40　耳垢染色中的厚皮马拉色菌

也可用同样的方法收集耳垢，但需要风干或轻微加温，之后进行 Diff-Quik 染色。应用低倍和高倍视野分别检查。此技术可鉴别不同的细胞类型，以及微生物如细菌(杆菌和球菌)或酵母菌。也可见样本中一些细菌，如假单胞菌，产生的黏液。中耳样本中的炎症也可能含有黏蛋白液。

细胞学检查

Diff-Quik 染液染色的微生物呈蓝色。

酵母菌

念珠菌两端呈"两个叠合面包"形结构，中间连接窄。

马拉色菌是两端呈"花生"形的微生物，中间连接宽（图 2.40）。

革兰氏阳性细菌

葡萄球菌是一种革兰氏阳性球菌。细胞分裂常发生呈直角排列，因此，细菌聚集成"葡萄样"（图 2.41）。

链球菌是一种革兰氏阳性球菌。细胞分裂呈直线排列，因此，细菌聚集成对或呈链状（图 2.42）。

粪肠球菌（以前被归为链球菌类）是一种革兰氏阳性球杆菌。排列为与链球菌排列类似的短链（图 2.43）。

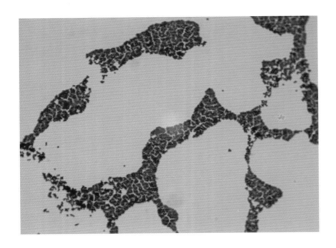

图 2.41 葡萄球菌（革兰氏染色）。自史蒂芬斯蒂恩

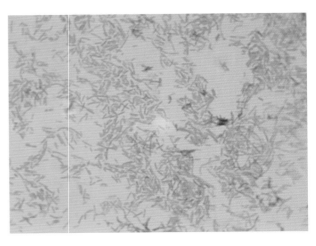

图 2.44 假单胞菌（革兰氏染色）。自史蒂芬斯蒂恩

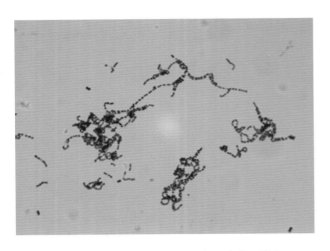

图 2.42 链球菌（革兰氏染色）。自史蒂芬斯蒂恩

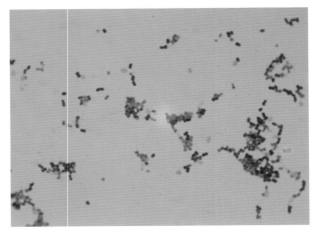

图 2.45 巴氏杆菌（革兰氏染色）。自史蒂芬斯蒂恩

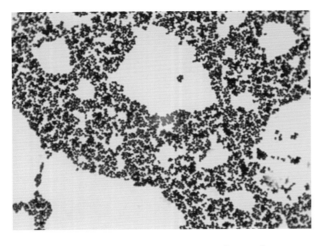

图 2.43 肠球菌（革兰氏染色）。自史蒂芬斯蒂恩

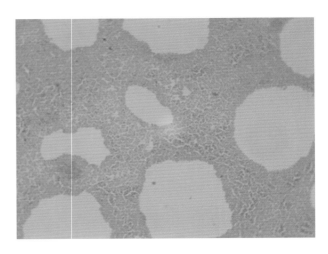

图 2.46 变形杆菌（革兰氏染色）。自史蒂芬斯蒂恩

革兰氏阴性细菌

· 假单胞菌与其他耳部病原菌，如巴氏杆菌和变形杆菌相比，是一种较长的革兰氏阴性杆菌（图 2.44）。

· 巴氏杆菌是一种两端着染的革兰氏阴性球杆菌（图 2.45）。

· 变形杆菌是一种较短的革兰氏阳性杆菌（图 2.46）。

2.2.2 培养

并不是所有中耳炎病例都需要培养。细胞学确认马拉色菌感染的病例可经验性治疗。确认球菌时，常选用公认的葡萄球菌和链球菌敏感药物治疗（特殊情况见表 2.3）。细胞学确认杆菌时，通常应进行有氧和厌氧培养。培养应尽可能从垂直耳道 / 水平耳道深部采样，尽量避免任何常驻菌群。最好采取棉签防护技术。良好的细菌学采样，棉签应从无菌耳镜或耳内镜工作通道中插入，并在末端探出采取样本。这使棉签头免受耳道上部的污染。

2.2.3 细针抽吸

细针抽吸的适应症与耳廓病变一样。耳镜探空宽度常不足以刺入针头采取充足的样本。最好

用脊髓穿刺针采取样本，可沿耳镜边缘一直刺入团块采得样本（图 2.47）。此技术与耳廓采样大致相同。

2.2.4 活检

对耳道内壁肿物进行耳道活检最有效。可用齿钳或锋利的刮匙钳取活检样本（图 2.48）。即使取样时撕裂皮肤，出血也不是主要问题。病料置于 10% 福尔马林液中送检。

2.3 中耳

2.3.1 中耳分泌物检查

鼓膜破裂时，外耳道培养技术中描述的防护

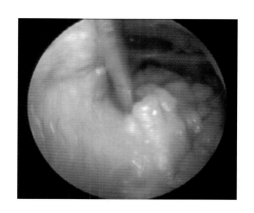

图 2.47　耳道中团块细针抽吸

表 2.3　外耳道培养适应症

适应症	注释
细胞学可见球菌，且对适当的耳部治疗没有反应	可能由于耐甲氧西林细菌感染，此菌对氨基糖苷类、氟喹诺酮类、夫西地酸具遗传耐药性
出现不常见的革兰氏阳性球菌	可能由于多耐药的粪肠球菌感染，并与抗生素长期使用有关
杆菌和球菌同时感染	培养可帮助选择最适合的耳部治疗产品，特别是包含两种不同抗生素的滴耳剂
细胞学中可见杆菌	革兰氏阴性菌的药物敏感性难以预测
慢性外耳炎病史和多种耳部治疗	长期抗生素治疗可使耳道易受厌氧菌感染，特别是耳部使用过氨基糖苷类和氟喹诺酮类药物

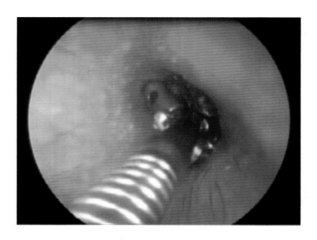

图 2.48 犬耳部肿物的钳取活检

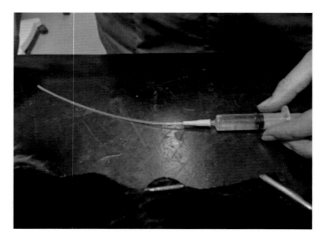

图 2.50 将导尿管顶端修尖，可用于鼓膜切开

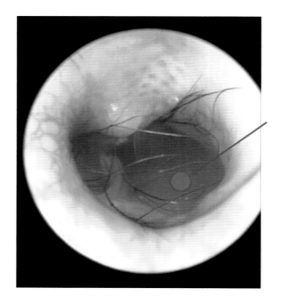

图 2.49 在正常鼓膜上标注鼓膜切开术的位置

棉签技术，同样适用于中耳采集样本。这可进行细胞学检查，也可进行培养。

鼓膜完整但异常，或怀疑中耳炎时，可通过鼓膜切开采集中耳样本。最好使用耳内镜进行。

在鼓膜紧张部穿孔（图 2.49）进入鼓泡，可用 5~6 号导尿管（以 45 度角剪掉导尿管末端，图 2.50）或 CO_2 激光，沿耳内镜工作通道进入。应小心避开血管丰富的鼓膜松弛部和锤骨。导管刺入后与 2~5mL 注射器相连。可轻拉注射器栓。如果有液体抽出，可用于进行细胞学检查和药敏培养。如果没有液体抽出，可用 1.0mL 灭菌注射用水从导管灌入鼓泡并收回。样本可进行细胞学检查和培养。中耳炎的细胞学染色可见炎症渗出物，常伴随微生物存在。然而，通常认为培养比单独细胞学检查鉴定感染更敏感。

第3章 高级诊断技术

Sue Paterson

并非所有的外耳炎病例都需要用到高级诊断技术。但当怀疑中耳炎时，进一步检查显得更为重要。耳内镜可用于观察耳道及鼓膜，与专科诊疗机构一样，如今耳内镜在基层外科兽医中的使用也已经非常普遍。其他可用的诊断形式还包括：X 线检查、CT 和 MRI 检查。脑干听觉诱发反应（BAER）可用于评估动物的听力；听觉鼓室测压可辅助评估骨鼓膜和中耳。

3.1 耳内镜检查

耳内镜如今在基层兽医诊所已经广泛应用。耳内镜相对于手持耳镜具有很多优势。传统的手持耳镜通过一个圆锥形的管道发射亮光；被照亮的物体返回的光线，通过耳镜圆锥末端的放大镜回到使用者的眼睛。这种耳镜有 2 个主要缺点：

（1）大量光线被耳镜圆锥吸收，意味着目标物体的照射强度可能不足。

（2）若从耳镜圆锥内插入例如镊子或冲洗管之类的器械，则使用者的视线会被遮挡。

耳内镜（图 3.1）克服了手持设备的缺点，并提供良好的照射强度、有利于高倍放大检查、可以清洁并烘干耳道，并进行小型手术（图 3.2）。所有现代耳内镜都配有可以安装不

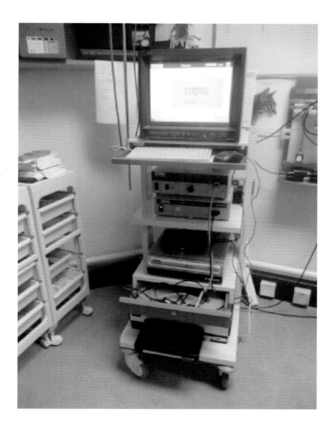

图 3.1　现代耳内镜

同器械的工作通道，包括冲洗管、抓持镊、细孔针和激光尖端（图 3.3）。通过工作通道插入鼻饲管或导尿管后可高效地冲洗和抽吸耳道及中耳区域。相类似的，这些管也可以用来进行鼓膜切

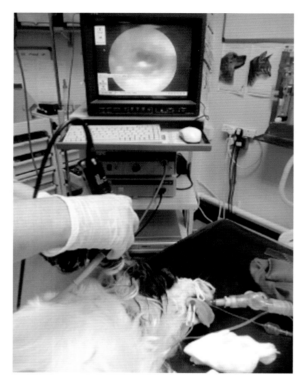

图 3.2　耳内镜能提供高质量、高倍放大的图像

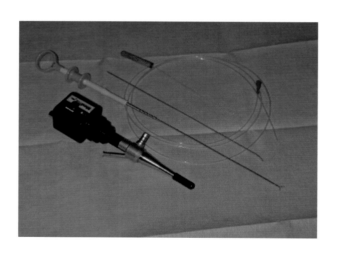

图 3.3　可应用于耳内镜工作通道的冲洗管、抓持钳以及细孔针

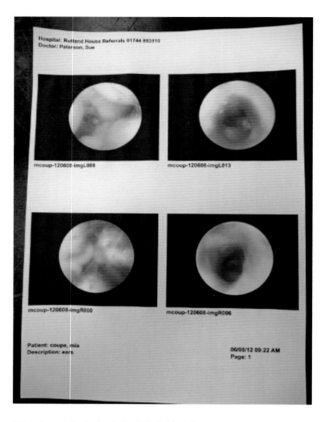

图 3.4　打印出来的典型耳内镜图像

来移除耳道内病变或破坏过于活跃的腺体组织，同样也可以进行鼓膜切开术。耳内镜还具备信息存储功能，可捕捉、存储并打印耳道内的图像（图3.4）。这一优点让动物主人和主治兽医能对比治疗前后耳道情况的变化。如今大多数耳内镜设备也可以录制视频影像，这有利于给动物主人演示病变情况，也具备良好的教学说明用途。

3.2　X 线检查

　　X 线检查是犬猫耳病的重要诊断工具，但其敏感度不如 CT 和 MRI。为最大程度发挥 X 线检查的作用，必须对患病动物进行准确的摆位，两侧结构的对比有助于评估异常病变（表3.1）。X 线检查可用来评估两侧耳道及鼓泡。背腹位、吻尾位（张口）和倾斜侧位投照最有诊断意义。通过左右两侧结构的对比，可能发现中耳或耳道内

开术，以便检查中耳炎。抓持镊可用于移除包括耵聍石在内的异物，或进行耳道的钳取活检。另外，还可用于抓持并移除猫的鼻咽息肉。细孔针可用于向散在病变内和耳道壁注射药物（例如类固醇类药物）以治疗增生性病变。激光尖端可用

表 3.1　每种 X 线摄影摆位的优缺点

摆位	优点	缺点	评价
DV	下颌支撑稳定抵消扭转，因而比其他摆位简单；鼓泡与片盒距离近	石状颞骨的重叠可能导致失真	通过两侧对比可辨识鼓泡内的软组织变化；充气的耳道可见与矢状面呈直角
VD	相比于 DV 位，这种摆位更易显示猫的鼓泡中隔	摆位困难；不适合用于短头品种犬	石状颞骨的重叠可能导致出现鼓泡壁增厚的假象
LO	鼓泡和石状颞骨显示良好	每次只能显示一侧鼓泡，因而不易进行对比	鼓泡细节显示良好，可见平滑的薄壁结构；可见耳道的气体阴影
RC	鼓泡和 PT 显示良好；可同时评估两侧结构	要获得良好图像，在麻醉后需拔除气管插管；要获得满意的 X 线片可能很难	鼓泡显示为平滑的薄壁结构；表面覆盖的软组织可能影响鼓泡内病变判读

DV，背腹位；VD，腹背位；LO，倾斜侧位；PT，岩部颞骨；RC，吻尾位。

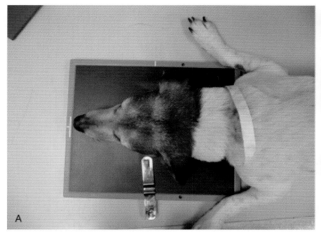

图 3.5　背腹位（DV）投照时动物俯卧保定。（A）上方视角；（B）侧方视角

软组织密度的细微变化。鼓泡壁的骨性病变，例如增厚、硬化、或溶解，抑或是耳道的钙化，即使不通过对比也能轻易辨识。尽管完成背腹位投照，动物可能只需要镇静即可，但所有摆位最好都能在麻醉状态下进行。

　　背腹位（DV）投照时动物呈俯卧保定（图 3.5，图 3.6）。患病动物摆位时应保证对称性，瞳孔连线应与片盒平行。硬腭平行于摄影床，颅骨基部尽可能靠近片盒。射线束中心位于两条假象线交叉处：第一条为矢状面线，而第二条则为垂直于前者的两侧鼓膜位置连线。

腹背位投照（VD）时动物被仰卧保定（图3.7，图3.8）。与之前的DV位一样，摆位应保持对称性，且硬腭平行于片盒。这种摆位使动物的稳定性不及DV位，因而通常需要在下颌处使用胶带以固定头部。射线束中心与DV位相同。

倾斜侧位（LO）投照时动物呈侧卧位保定，头部平行于片盒（图3.9~图3.13）。

下颌和要检查侧的鼓泡应尽可能接近胶片。为避免两侧鼓泡重叠，患病动物的头部沿长轴扭转，至偏离矢状面20%。射线束中心对准耳基部。

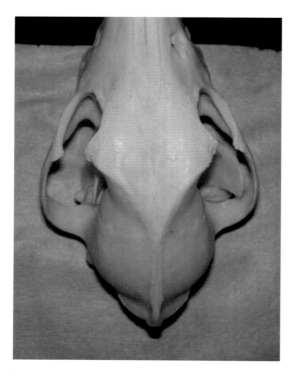

图3.6 DV位投照摆位的头骨

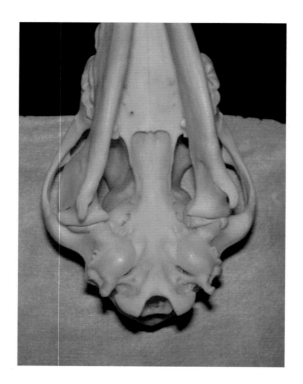

图3.8 腹背位（VD）投照摆位的头骨

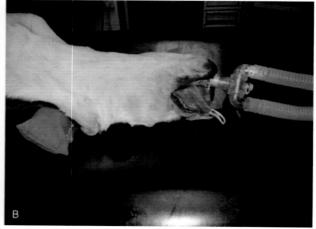

图3.7 腹背位（DV）投照时动物仰卧保定。（A）上方视角；（B）侧方视角

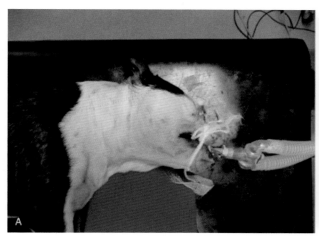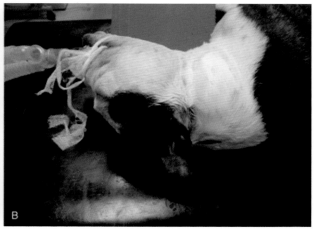

图 3.9　倾斜侧位（LO）投照时动物呈侧卧位保定，头部平行于片盒。（A）和（B）侧方视角

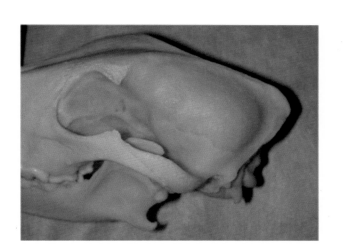

图 3.10　侧位投照摆位的头骨，显示鼓泡的重叠，说明了斜位投照分别对两侧鼓泡进行 X 线检查的重要性

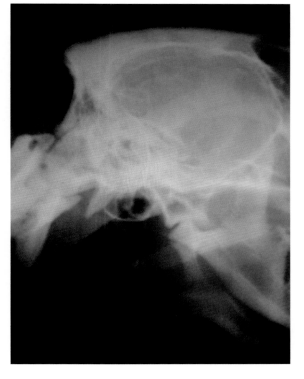

图 3.11　LO 投照摆位显示出鼓泡轮廓

吻尾位（RC）投照时动物呈俯卧位保定（图 3.14~3.17）。头部以矢状面摆位，硬腭垂直于胶片。将舌牵出并用胶带固定于下颌。瞳孔连线应平行于胶片。口腔张开，且射线束中心对准舌基部。对于长头品种犬，射线束应平行于硬腭；其他品种时则可能需要比垂直面抬高 20° 以免鼓泡与寰椎翼重叠。

3.2.1　耳道的 X 线检查

起初可以尝试使用耳部常规 X 线摄影来显示充气的耳道，常用摆位是 DV、VD 和 RC 位投照（图 3.18）。在慢性病例中，钙化的耳道会显示出耳道轮廓。如果耳道无法显影，则需要全身麻醉后进行 X 线阳性耳道造影（图 3.19）。

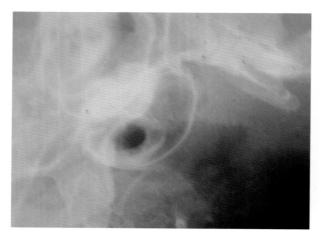

图 3.12　LO 投照摆位中鼓泡的近观

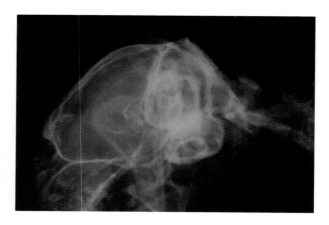

图 3.13　LO 投照摆位显示处慢性鼓泡病变

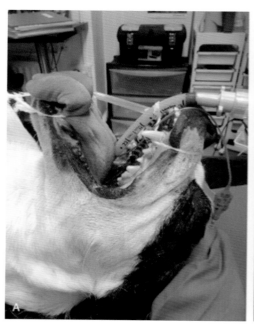
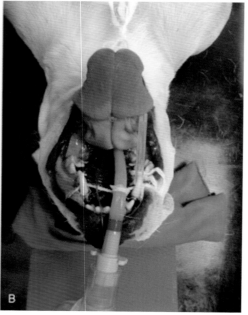

图 3.14　吻尾位（RC）投照时动物呈俯卧位保定。（A）侧方视角；（B）上方视角

　　X 线阳性耳道造影中，使用 2~6mL 可溶性碘造影剂缓缓注入耳道内（小型犬可用 0.3mL 的 50% 泛影葡胺或类似造影剂加入 2.7mL 生理盐水，大型犬则剂量加倍）。如果耳道狭窄，则可使用导管将造影剂注入水平耳道，再反流至外耳道。为避免造影剂泄漏至周围组织，注入造影剂后可用小棉球堵住耳道开口。造影剂注入耳道后，可以轻柔地按摩以使造影剂均匀地沿整个耳道分布。在进行 DV 或张口投照前进行另一侧耳道造影。

3.2.2　鼓膜的 X 线检查

　　上述 4 种摆位均可以用来检查鼓膜。然而在常规 X 线片上鼓膜很难辨识，因此，需要使用与

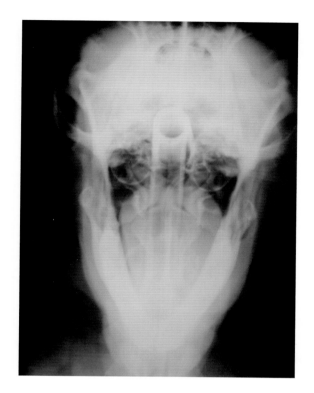

图 3.15　RC 位投照时的头骨

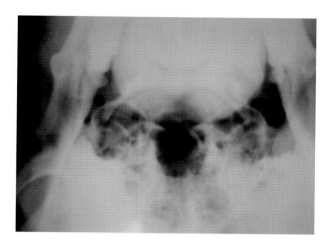

图 3.17　RC 位投照摆位时鼓泡的特写

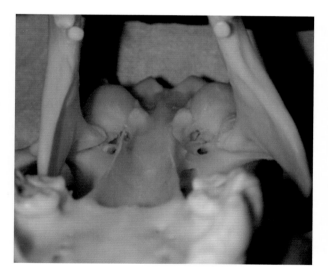

图 3.16　RC 位投照显示鼓泡轮廓

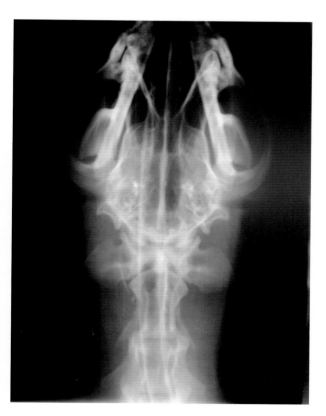

图 3.18　DV 位投照显示充气的耳道

前述相同的耳道造影术。造影剂泄漏进入中耳是提示鼓膜破坏的有效指征。在 RC 投照位投照时最为明显。但遗憾的是，中耳内未见造影剂并不意味着鼓膜完整。

3.3　CT 检查

CT 检查与 X 线检查基于相同的原则，并能提供机体的横断面图像。相比于常规 X 线摄影，CT 检查的优势是轻松显示耳道，而不必担心其

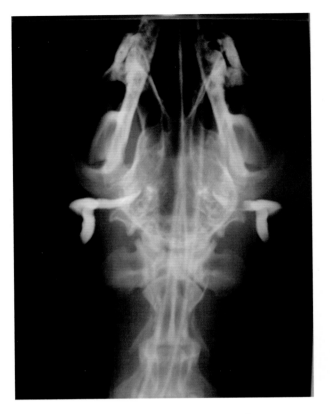

图 3.19　DV 位投照中造影剂显示出耳道轮廓

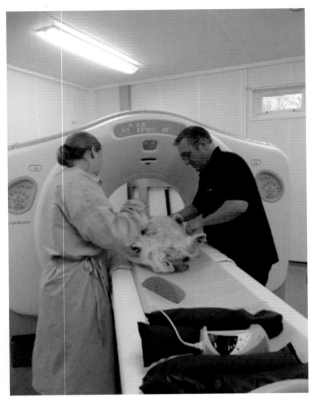

图 3.20　犬需要镇静或麻醉以便进行精确的摆位

他结构影像重叠的干扰。CT 图像通常为连续获取的横截切面图像。检查中患病动物需要深度镇静或麻醉（图 3.20）。通常为俯卧保定，且头部用垫料支撑以保持整体对称性，避免发生扭转（图 3.21）。CT 检查能很好的将空气和骨骼区分，是使中耳显影的良好形式。CT 扫描还可以通过使用有机碘造影剂增强对软组织炎症区域轮廓的显影。

　　在一张摆位良好的 CT 扫描片上，两侧鼓泡应该对称。两侧鼓泡腔及外耳道应充气（图 3.22）。正常的鼓泡壁很薄且边缘清晰。中耳炎时，鼓泡壁可能不规则并增厚（图 3.23）；偶尔可见鼓泡壁的溶解。在慢性病例中，鼓泡内出现软组织密度影，提示可能出现液体或组织。整个外耳道应该非常清晰，且宽度一致。不应出现耳道壁钙化迹象（图 3.24）、耳道狭窄或阻塞迹象。CT 检查可用于在手术前评估耳

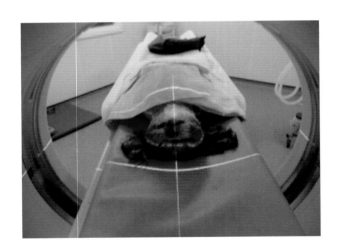

图 3.21　一只在 CT 扫描机中完成摆位的犬

道和鼓泡，特别是用于评价感染性病变的肿瘤化侵袭性和病变范围（图 3.25）。CT 检查还可用于评价中耳手术的术后并发症，例如脓肿、残存坏死碎片。

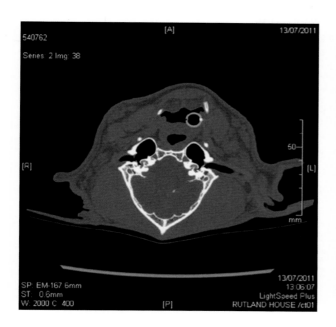

图 3.22　正常的头部 CT 扫描图

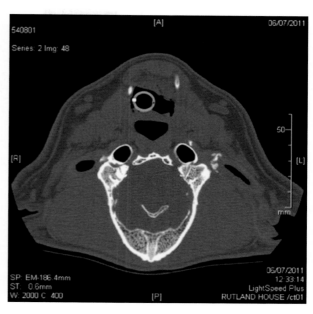

图 3.24　CT 扫描图显示耳道钙化

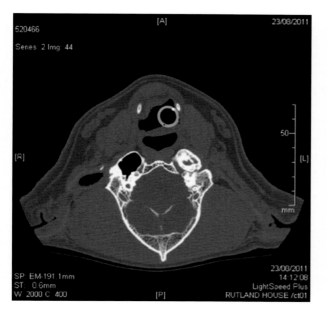

图 3.23　CT 扫描图显示左侧鼓泡严重的骨性病变

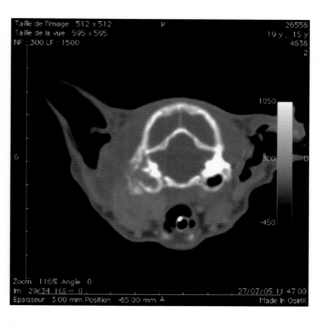

图 3.25　猫的头部 CT 扫描图显示耳旁脓肿

3.4　MRI 检查

　　MRI 检查与 CT 和 X 线摄影差异很大，它通过测量高能量磁场影响下机体内氢原子发出的电磁波信号来成像。MRI 用于软组织评估要优于 CT 检查。骨骼和空气含氢原子较少，因此，在 MRI 扫描中均呈黑色，使得两者无法区分，因此，无法很好地显示类似鼓泡这样的结构。患病动物通常需要麻醉，并采用仰卧位保定进行检查。成像需要 3 个切面（冠状面、横截面、

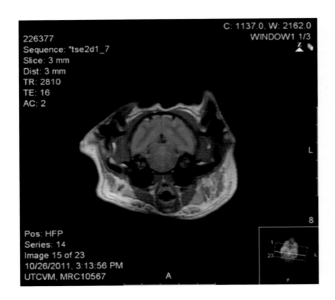

图 3.26　正常的 MRI 扫描图（猫）

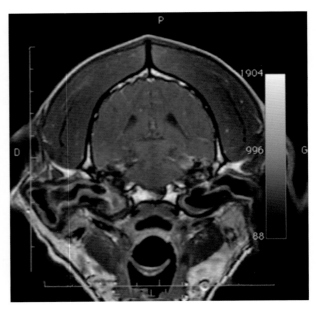

图 3.28　犬的 MRI 扫描图显示中耳炎

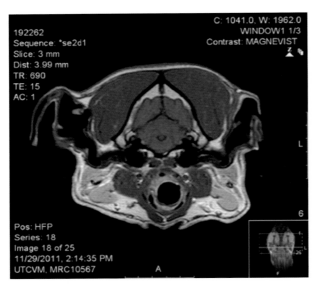

图 3.27　正常的 MRI 扫描图（犬）

矢状面），因此，对摆位的要求没有 CT 检查那么严格（图 3.26，图 3.27）。静脉注射钆造影剂，可用于提高该技术检查炎症区域的敏感度。MRI 检查并不常用于诊断外耳炎，但耳道狭窄伴有纤维化组织，或耳道积液时可以使用（图 3.28）。MRI 检查无法区分气体和骨皮质：因为它们都显示为空隙（黑色）。这意味着除非病变非常严重，否则中耳内鼓泡壁与其充气的腔无法相区分，而外耳道的钙化亦无法检查，这是耳病 MRI 检查的缺点之一。然而软组织对比却非常好，以至于可以辨识鼓泡内的纤维组织、肿瘤样病变及内耳结构。

3.5　脑干听觉诱发反应（BAER）

通过 BAER 进行听力的电反应诊断测试，被认为是临床评估犬猫听力最准确的方法。这种设备非常昂贵，因此，只有在大型诊疗中心，特别是转诊医院才有（图 3.29）。BAER 是一种检查听觉功能是否存在的客观且非侵入性的评估方法，也是唯一一种能确诊单侧耳聋症的技术。BAER 能很好地被大多数动物接受，通常不需要镇静或麻醉。这项测试通常只需要 10~15min。将 3 个小的针状电极插入动物头部皮下，以记录 BAER 扫描图。第一个（1）放置在头顶部，第二个（2）放置于被检查的耳前，而第三个（3）放置于对侧耳前或第三胸椎的棘突处皮下。这三个电极分别对应为记录电极（1）、参考电极（2）和接地电极（3）（图 3.30）。一旦针状电

图 3.29　用来测试脑干听觉诱发反应（BAER）的电子诊断设备

图 3.31　电极与信号平均记录系统相连接

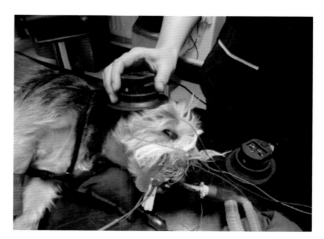

图 3.32　放置在犬头部的耳机

图 3.30　在犬的头部放置电极

极放置完成，将它们连接至信号平均记录系统（图 3.31）。通过耳机或耳道插入物给犬或猫播放各种速率（滴答 / 秒）、强度（dB）和频率（Hz）的滴答声，以产生 BAER 扫描图（图 3.33）。产生最佳反应的声信号是一次滴答产生 2~3kHz 的宽频率频谱。大多数操作者此时都会调整滴答声的强度（分贝）。典型的 BAER 扫描图由 4~6 个波形组成，每个波形对应一个特殊结构或听觉通路区域（图 3.34）。如果耳聋是由于中耳或耳蜗的病变导致的，则 BAER 扫描图是完全平直的（图 3.35）。如果耳聋是由于中枢病变导致的，则描绘图不完全为平直的：部分波形会消失，但这取决于病变的位点。对于这类病例，BAER 有助于病变的神经解剖定位。如果听力仍存在但受损，则波形会在动物无法听到的分贝水平

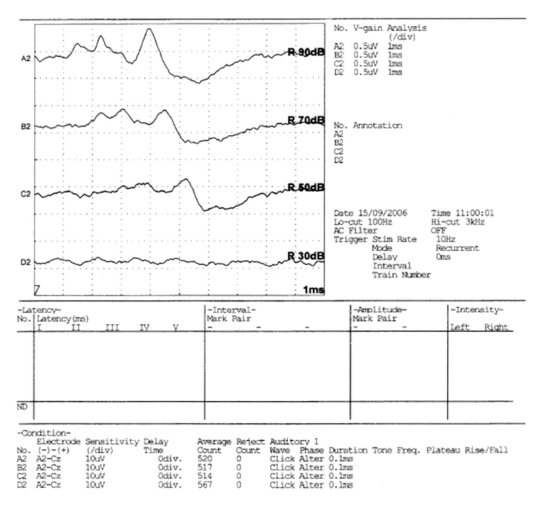

图 3.33　犬感知到耳机发出的滴答声后产生的 BAER 扫描图

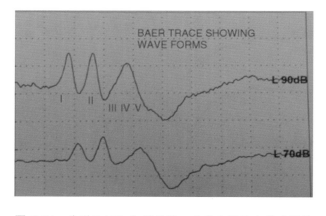

图 3.34　典型 BAER 扫描绘图。Ⅰ波和Ⅱ波由前庭蜗神经产生。Ⅲ波有耳蜗核内或附近的神经元产生。Ⅳ波由脑桥内的上橄榄复合体内的神经元、耳蜗神经核及侧丘系神经核产生。Ⅴ波由对侧脑干尾丘内的神经元产生

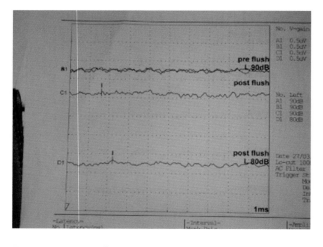

图 3.35　一只耳聋犬的 BAER 扫描图

变平。

尽管BAER能精确地评价犬或猫的听力情况，但却不能鉴别传导性或感觉性听力丧失。当怀疑出现听小骨损伤或中耳内异物导致的传导性听力丧失时，BAER 测试需要使用骨刺激器替代耳机重新进行一次。将骨刺激器坚实地抵在乳突上（下颌和颧弓也可以）。刺激由乳突深入，绕过外耳和中耳通路，直接由头部骨骼传导至耳蜗。如果感觉神经反应完整，则 BAER 会产生与空气传导时一样的描绘图。遗憾的是，进行骨骼刺激的要求更严格，且相比于空气传导而言，动物会感到更加不适，可能需要在镇静或麻醉下进行。骨骼震动器能产生的最大声学输出低于空气传导产生的滴答声。骨骼传导的平均阈值为 50~60dB，而空气传导阈值则为 0~10dB，这使骨骼传导结果难以被判读。然而，由于两种方法的波形和峰间潜伏期类似，提示信号具有相同的来源。

3.6 听觉鼓室测压

鼓室测压法是一种非侵入性技术，用于研究外耳道压力变化引起的鼓膜顺应性改变。鼓室测压可用于评估鼓膜的完整性，也可用于判断是否出现中耳渗出。鼓室测压的原理是声波的强度取决于产生此声波的腔隙及腔室壁的硬度。鼓膜正常的耳与鼓膜破裂的耳所产生的声音是完全不同的。不过，由于将设备与鼓膜配置、耳道口及垂直耳道的密闭性差等原因，这项技术很难有效进行，也正因如此，这项技术通常只在转诊医院开展。

第 4 章 耳廓疾病

Sue Paterson

很多耳部疾病都从外耳廓病变开始。通过耳部检查寻找原发病变非常重要，可能提示潜在的疾病病因。原发性病变可分为 7 个不同的类别（见表），尽管这些分类中有些重复，但仍可作为确定一系列鉴别诊断的有效出发点。每种疾病的鉴别诊断就是临床症状与其相似的其他疾病。

原发性病变的分类

红斑性疾病

结痂和皮屑性疾病

丘疹性疾病

脓疱性疾病

结节性疾病

溃疡性疾病

脱毛性疾病

一些诊断试验可用于检测各种疾病。读者可参考第二章的详细说明。

◆ 红斑性疾病

• 过敏

• 免疫介导性疾病

◆ 结痂和皮屑性疾病

• 感染

• 内分泌疾病

• 与环境有关的疾病

• 角化异常

• 肿瘤

◆ 丘疹性疾病

• 外寄生虫

◆ 脓疱性疾病

• 感染性脓疱性疾病

• 无菌性脓疱性疾病

◆ 结节性疾病

• 感染性结节性疾病

• 非感染性结节性疾病

◆ 溃疡性疾病

• 自体免疫病

• 免疫介导性疾病

• 感染

• 肿瘤

◆ 脱毛性疾病

• 无原发病变的脱毛

• 粉刺性脱毛

4.1 红斑性疾病

4.1.1 过敏

过敏性皮肤病常会发生在耳廓。异位性疾病、食物过敏、接触过敏和刺激都可影响到这个部位。尽管跳蚤叮咬可附着于此部位，但犬猫跳蚤过敏性皮炎不常见耳廓症状。

异位性疾病

病因学和发病机制

最新的异位性疾病发病机制的理论表明，（简而言之）环境过敏原接近并通过皮肤中的朗格罕氏细胞加工，之后经皮肤吸收。异位性动物的辅助 T 细胞 1（Th1）和辅助 T 细胞 2（Th2）淋巴细胞失衡，除了发生其他情况外，还会导致 Th2 活性增强和免疫球蛋白（IgE）过多。由此产生触发炎症和瘙痒的级联反应。此外，人们普遍认为异位性动物还存在表皮屏障缺陷。

临床症状

临床症状通常开始于 1~3 岁。品种易感性取决于地方基因库。对花粉过敏的耳炎可能是季节性的。动物尘螨过敏可能常年发病，但在欧洲常在秋末冬初加重。除耳炎外，可能还涉及动物的眼周、爪部、肛周和腋下皮肤。80% 的异位性犬有外耳炎症状，同时伴发全身性皮肤病。20% 异位性犬只有外耳炎，常为双耳发病。典型的临床症状是耳廓（图 4.1，图 4.2）和垂直耳道发红。犬会出现甩头（图 4.3，图 4.4）或蹭其头部的一侧。

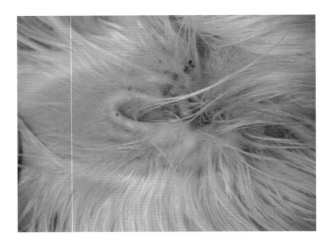

图 4.2　异位性犬的耳廓发红

图 4.3　甩头导致异位性犬耳尖的轻度损伤

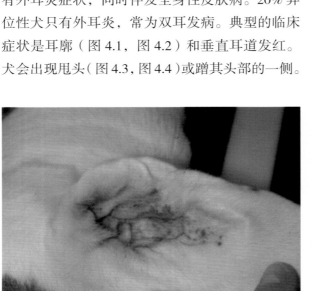

图 4.1　异位性犬耳廓的自我损伤和红斑

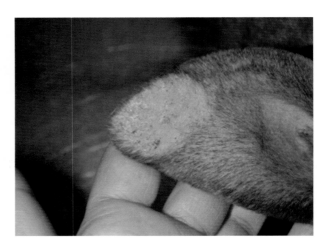

图 4.4　甩头导致异位性犬耳尖的明显损伤

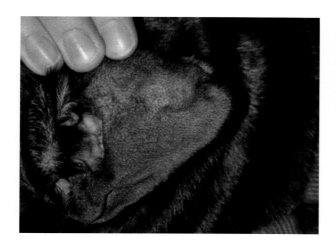

图 4.5　甩头导致犬的耳血肿

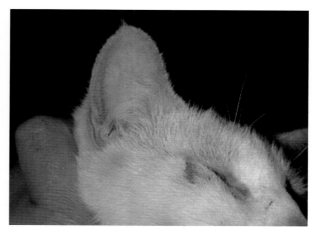

图 4.7　异位性猫的耳廓发红

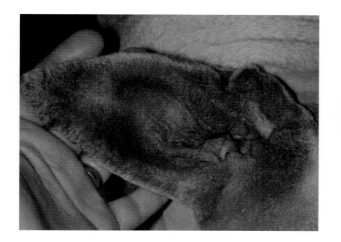

图 4.6　异位性犬耳部的慢性变化

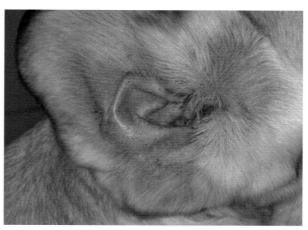

图 4.8　发生皮肤食物副反应的过敏拉布拉多，其耳廓发红

这会导致有些病例出现耳血肿（图 4.5）。顽固疾病会造成耳廓的慢性变化，包括色素过度沉着和苔藓化（图 4.6）。异位性猫也可出现外耳炎。临床症状包括甩头和耳廓发红（图 4.7），以及嗜酸性肉芽肿综合征的病变。

重要诊断方法

· 排除其他原因导致的瘙痒，特别是外寄生虫和微生物感染。

· 排除皮肤的食物副反应和接触/刺激性皮炎。

· 特异性皮内或血清学过敏原试验无法诊断此病，但对于疾病管理有效。

食物过敏

病因学和发病机制

食物过敏或皮肤食物副反应（CAFR）是由食物吸收引起的异常反应。存在很多不同的机制，包括免疫性成分、代谢性反应和食物特应性反应。牛肉、鸡肉、乳制品、谷物、大豆和鸡蛋是引起犬 CAFR 的常见原因。类似的物质对猫也很重要。CAFR 常与异位性疾病共同存在。

临床症状

据报道，88% 食物过敏的犬有外耳炎症状。

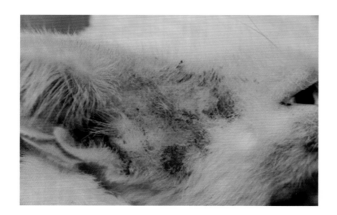

图4.9 食物过敏的猫的面部和耳部瘙痒

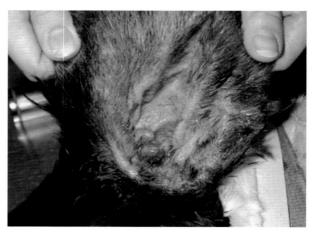

图4.10 犬的接触刺激性皮炎，由滴耳液引起耳道的红斑和溃疡

食物过敏常出现于青年犬，但也可见于没有皮肤病史的年龄较大的动物。拉布拉多可能有品种易感性（图4.8）。犬常有耳廓发红和甩头的临床症状，这与异位性疾病非常相似。原发病变不常见。与很多异位性病例不同，CAFR无季节性。食物过敏猫的典型症状有面部瘙痒、结痂和继发抓痕；有可能在耳部发病（图4.9）

重要诊断方法

• 选择新奇食物，即从未接触或很少接触的食物成分，或水解食物，进行为期8周的食物试验。

• 一旦完成上述过程，应进行食物激发试验。

接触过敏和刺激性皮炎
病因学和发病机制

这两种疾病非常相似，都是由环境物质直接接触皮肤所引起。伤及耳廓和耳道的物质常为液体（乳霜、凝胶、乳液等）。过敏性接触性皮炎属于IV型超敏反应，而接触刺激性皮炎是有毒物质引起的反应。任何耳部药物都可引起副反应。涉及副反应的药物包括新霉素和丙二醇，它们也是很多滴耳剂和洗耳液中的常用成分。

临床症状

与食物过敏和异位性疾病相比，这两种疾病

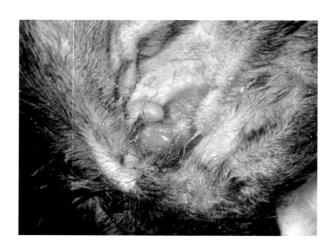

图4.11 图4.10的近照

并不是常见的外耳炎病因。接触过敏性皮炎需要多次接触致敏物，才能诱导副反应，并使动物发病。接触刺激性皮炎在第一次接触时就可引起副反应，并使动物发病。典型可见犬猫无法承受适当的耳部治疗药物，并在持续治疗后加重。临床症状常在开始治疗后的1~3d出现。病变包括发红、水肿、糜烂，严重的病例中可出现溃疡（图4.10，图4.11）。

重要诊断方法

• 排除其他过敏原因，停止耳部治疗之后好转。

• 应避免再次刺激。

图 4.12　猫复发性多软骨炎

4.1.2 免疫介导性疾病

猫复发性多软骨炎（耳软骨病）

病因学和发病机制

这是一种免疫介导的攻击胶原蛋白的疾病，非常罕见且鲜为人知。猫常出现白血病病毒（FeLV）或猫免疫缺陷病毒（FIV）阳性。犬也有记录。

临床症状

耳廓肿胀、红斑至紫斑并疼痛（图 4.12）。慢性病例中可出现耳廓卷曲变形。其他器官也可能发病，如关节、心脏和眼睛。一些猫可见发热和嗜睡。

重要诊断方法

• 血液显示中性粒细胞增多症、淋巴细胞增多症、高球蛋白症。

• 耳廓活检可见浆细胞淋巴炎，并伴有软骨减少、嗜碱性粒细胞增多和软骨坏死。

4.2 结痂和皮屑性疾病

4.2.1 感染

出现结痂和皮屑最常见的感染性疾病是皮肤癣菌病、酵母菌感染和利什曼病。

皮肤癣菌病

病因学和发病机理

犬小孢子菌和石膏样小孢子菌是犬皮肤癣菌病最常见的病原。其他不太常见的菌种包括须发癣菌、桃色小孢子菌和意瑞奈斯氏发癣菌。约克夏狸犬具有感染犬小孢子菌的易感性，杰克拉西尔狸具有感染须发癣菌和意瑞奈斯氏发癣菌的易感性。猫皮肤癣菌病主要由犬小孢子菌引起；似乎波斯猫易感性更强。通过接触感染动物或污染环境感染。潜伏期为 1~3 周。免疫功能不全的个体易感，包括幼年和老年动物。

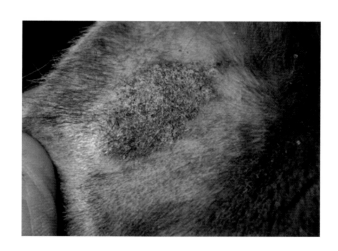

图 4.13　皮肤癣菌病患犬，耳部边界分明的灰色皮屑病变

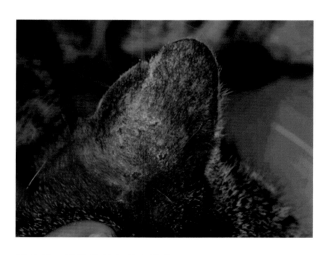

图 4.14　幼猫耳部皮肤癣菌病

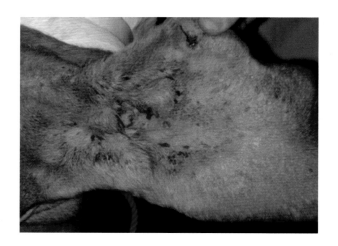

图 4.15 巴吉度犬耳部的马拉色菌感染

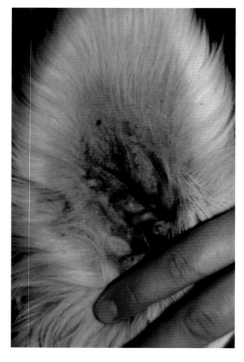

图 4.16 过敏症患犬耳廓的马拉色菌感染

临床症状

犬小孢子菌感染呈细小的灰色"粉末样"脱毛病变（图 4.13）；轻微瘙痒（图 4.14）。须发癣菌感染产生较严重炎症并伴随脱毛、结痂，严重的病例会出现疖病。病变常界限清晰。

重要诊断方法

• 将毛发置于氢氧化钾或乳酚棉蓝中观察毛发形态。

• 用无菌牙刷或地毯刷采样，进行真菌培养。

酵母菌感染

病因学和发病机制

马拉色菌是犬猫皮肤的常在菌群。马拉色性皮炎常继发于潜在病因。似乎常见于西高地白狸和巴吉度犬（图 4.15）。感染马拉色菌的青年犬常存在潜在的过敏症。内分泌病是更常见的引起老年犬马拉色菌病的诱因。猫马拉色菌感染常继发于内分泌病，特别是甲状腺机能亢进。大多数犬的感染是由厚皮马拉色菌引起的。这种酵母菌与同合轴马拉色菌和糠秕马拉色菌一样，均可感染猫。念珠菌很少引起犬猫皮肤病。

临床症状

耳廓发红和油腻的黄色皮脂溢物质（图 4.16），常有腐臭、发酵的气味。慢性疾病使耳廓出现苔藓化和色素过度沉着。动物常出现耵聍性外耳炎和相关的耳廓症状。

重要诊断方法

• 胶带粘取、按压涂片和培养。

利什曼病

病因学和发病机制

在英国利什曼病是一种罕见的疾病，但常见于欧洲地中海盆地生活或旅行的犬。也在俄罗斯南部、印度、中国和东非发现过此病。在美国俄克拉荷马州、俄亥俄州和德克萨斯州确认存在此病。确定至少有 30 个不同的品种，分为 5 组：杜氏利什曼病、主流利什曼病、热带利什曼原虫、埃修匹加利什曼原虫和墨西哥利什曼原虫。利什曼原虫通过吸血的白蛉传播（欧洲和亚洲白蛉；美洲罗蛉）。临床症状可在接触后的 1 个月至 7 年内显现。猫罕见此病。

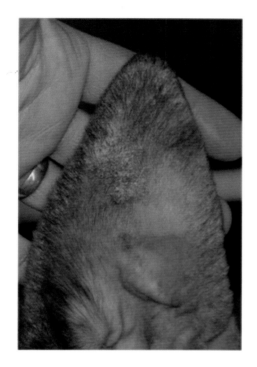

图 4.17　利什曼病患犬耳廓的皮屑

图 4.18　利什曼病患犬全身银色皮屑。感谢凯文卡米列里（Courtesy of Kevin Camilleri）

临床症状

临床症状非常多样。全身症状可涉及很多器官，全面的描述超出了本书范围。80% 的犬可见皮肤病变。耳廓最常出现细小银色皮屑附着的剥脱性皮炎（图 4.17）。眼周可见类似的症状，常称为眼周半月形病变（图 4.18）。犬也可见鼻趾过度角化、甲病、压力点溃疡、脓疱、丘疹和结节。

重要诊断方法

• 血常规：非再生性正色素、正红细胞性贫血，高 γ 球蛋白症，低蛋白症。

• 刮片、淋巴结抽吸、骨髓、脾脏细胞学可见病原体。

• 组织病理学：模式非常不定，50% 的病例革兰氏染色可见病原体。

• 病原体可检出利什曼原虫特异性 IgG，但特异性较低。

• 聚合酶链反应（PCR）敏感性高。

4.2.2 内分泌病

甲状腺机能减退

病因学和发病机制

近 90% 的犬病例，是由于腺体损伤引起的原发甲状腺机能减退。这是由淋巴细胞性甲状腺炎或特发性甲状腺坏死和萎缩引起的。易感品种包括拉布拉多猎犬、金毛猎犬、杜宾犬、长须牧羊犬和比格犬。

临床症状

临床症状多样，涉及许多不同的器官和系统。常见的皮肤症状包括躯干双侧对称性脱毛、"老鼠尾"、皮脂溢、继发细菌性脓皮病。耳廓症状包括无瘙痒性耳缘皮屑（图 4.19）、脱毛（4.20）或一些病例的多毛症。

重要诊断方法

• 血液样本：轻度非再生性贫血，胆固醇、ALT、ALP、肌酸激酶升高。

• 甲状腺功能检测应多项组合，很少进行单项检测。检测套餐项目包括总 T4、游离 T4、促甲状腺素和甲状腺球蛋白自体抗体。

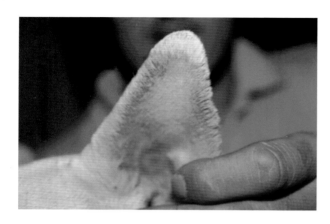

图 4.19　甲状腺机能减退患犬耳廓边缘的皮屑

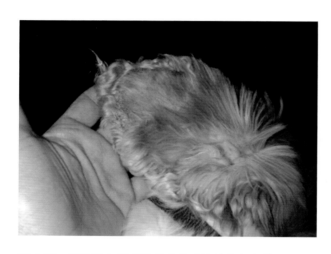

图 4.20　甲状腺机能减退患犬耳廓的脱毛和皮屑

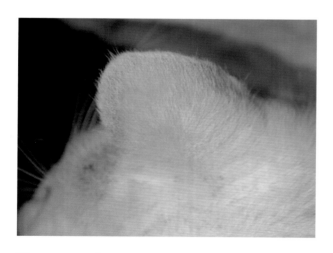

图 4.21　猫耳廓的光化性病变

4.2.3 环境性疾病

光化性病变

病因学和发病机制

光化性皮肤损伤是由长时间暴露于紫外线（UV）引起的。病变可涉及眼周、鼻部和耳廓皮肤。老年犬猫白色耳廓的病变最为典型。慢性损伤可发展为肿瘤性病变，如鳞状细胞癌和血管瘤／肉瘤。

临床症状

最初的症状是耳廓红斑和增厚，并出现细小的皮屑（图 4.21）。慢性病变可见耳尖卷曲和瘢痕，可发展为皮角。当发生耳廓肿瘤性病变时，耳廓可见溃疡及显著的增生性变化。

重要诊断方法

· 活检显示有浅表纤维化和毛囊角化的症状，这是光化性病变的典型特征。

4.2.4 角化异常

原发性角化异常是犬非常不常见，而猫更罕见的皮肤病病因。然而，耳廓发病相对常见，而且有些病例只在耳廓出现病变。

原发特发性皮脂溢

病因学和发病机制

最常见于可卡犬（图 4.22），但并不绝对。特发性表皮更新的增加引起发病。细胞从基底层移动到角质层的时间缩短至 7~8d（正常犬为21d）。

临床症状

患犬外耳道周围可见厚重黏腻的黄色／橙色皮屑蔓延至耳廓。毛发可见毛囊管型。常伴发马拉色菌继发感染或脓皮病，动物出现臭味并瘙痒。常见外耳炎。慢性发病的耳道可见苔藓化（图 4.23）。其他部位也可能出现病变，包括乳头、唇褶、颈腹部、躯干和爪部。

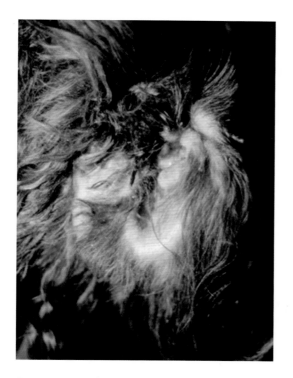

图 4.22　原发特发性皮脂溢的可卡犬

图 4.23　原发特发性皮脂溢的查理士王小猎犬

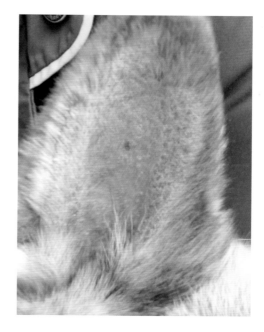

图 4.24　秋田犬耳部的皮脂腺炎

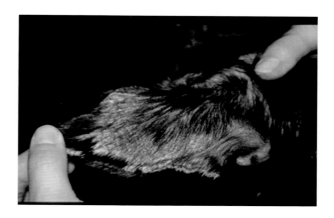

图 4.25　拉布拉多犬耳廓的慢性皮脂腺炎

正角化不全 / 角化不全，毛囊角化症和多样性角化不良。

- 排除其他原因导致的皮脂溢。

重要诊断方法

- 易感品种。

- 组织活检仅可辅助诊断，但不能用于确诊。

- 非特异性变化包括浅表增生性血管周围炎，

皮脂腺炎

病因学和发病机制

由皮脂腺减少引起的病因不明的罕见疾病。理论上包括自体免疫反应对腺体的攻击，和腺体结构原发性缺陷，导致皮脂溢和异物反应。易感品种包括标准贵宾、秋田犬（图 2.24）、维兹拉犬和萨摩耶犬。

图 4.26 可卡犬的耳缘皮脂溢

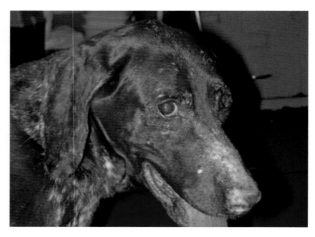

图 4.27 德国短毛波音达犬的剥脱性皮肤红斑狼疮

临床症状

不同品种之间的症状有所不同，但耳廓病变早期形式常表现为皮屑和毛发稀疏。毛发根部常明显可见包围着毛囊管型（图 4.25）。长期病变时皮肤表现更复杂，毛发暗淡无光，毛发上紧密黏附着银白色的皮屑，并呈簇状、擀毡。常发生见继发感染干性耵聍性外耳炎。

重要诊断方法

• 拔毛检查可见典型的毛囊管型。需要进行多部位组织活检。

• 早期症状可见皮脂腺周的（肉芽肿——脓性肉芽肿性）多灶性混合性炎症浸润。

• 晚期病例可见中度棘层增厚、过度角化和皮脂腺消失。常见毛囊周皮脂腺的位置被肉芽肿占据。

耳缘皮脂溢
病因学和发病机制

耳缘皮脂溢被认为是一种影响耳缘的原发性角化缺陷病，其病因不明。似乎垂耳犬易感，特别是腊肠犬、激飞猎犬和可卡犬。

临床症状

早期病变可见沿耳缘黏附着过度蓄积的角质

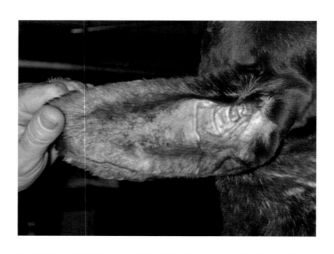

图 4.28 德国短毛波音达犬的耳廓，该犬罹患剥脱性皮肤红斑狼疮

碎屑（图 4.26）。慢性病变可见耳缘物质堆积增多以致开裂。

重要诊断方法

• 易感品种的临床症状。

• 组织活检只能辅助诊断而不能确诊，可见表面和毛囊正角化不全 / 过度角化。

• 排除其他相似疾病。

德国短毛波音达犬剥脱性皮肤红斑狼疮
病因学和发病机制

可能是德国短毛波音达犬的一种遗传病，本病发生是由于免疫介导反应攻击基底层上皮细胞所引起。

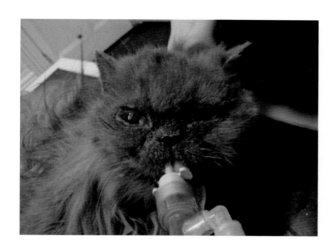

图 4.29　波斯猫特发性面部皮炎

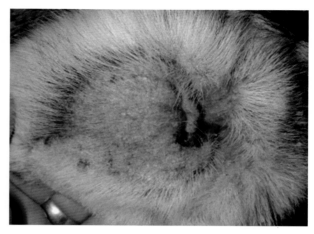

图 4.31　哈士奇的耳廓，该犬患有锌反应性皮肤病

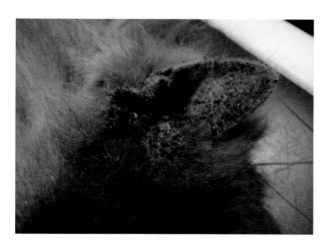

图 4.30　特发性面部皮炎患猫的盯聍性耳炎

图 4.32　锌反应性皮肤病的哈士奇患犬，表现出典型的眼周病变

临床症状

症状首发于 5~8 月龄的幼犬。最初的症状包括皮屑和面部、背部和耳部毛发稀疏（图 4.27，图 4.28）。疾病可发展至全身。可见明显的毛囊管型和更多弥散皮屑。

重要诊断方法

• 易感品种的临床症状。

• 组织病理可见正角化不全 / 过度角化、基底细胞水肿样变，贯穿角质层的单个角质形成细胞坏死，混合细胞性轻度或中度界面性皮炎。

波斯猫特发性面部皮炎

病因学和发病机制

该病病因尚不明确。一些机构认为可能是皮脂腺角化异常。发病年龄不定，从 10 个月到 6 岁。

临床症状

浓厚的深色蜡样碎屑聚集在眼周、面部褶皱、下颏和耳部（图 4.29）。猫常见双侧红斑性耳炎，耳廓可见黑褐色碎屑积聚（4.30）。常继发酵母菌和细菌感染，往往会导致强烈的瘙痒。

重要诊断方法

• 易感品种的临床症状。

• 组织活检可见浅表结痂性棘层增厚。基底细胞水肿样变，偶见角化不全的角质形成细胞，特别在毛囊上皮常见并伴有皮脂腺增生。

锌反应性皮肤病

病因学和发病机制

锌反应性皮肤病是由于锌的利用能力不全所造成。I 型疾病见于西伯利亚雪橇犬和阿拉斯加雪橇犬，由于肠内锌吸收不足导致本病发生。II 型疾病见于生长期的巨型幼犬饮食不均衡。高水平的谷物、钙、铜或铁与锌竞争吸收，导致锌相对缺乏。肠植酸盐和无机磷酸盐也可与锌结合，阻碍锌的吸收。

临床症状

红斑并覆以细小的银色皮屑，是典型的耳廓病变（图 4.31）。犬还常伴发爪垫过度角化，以及眼周和压力点的类似病变（图 4.32）。瘙痒程度不一，常继发脓皮病。

重要诊断方法

• I 型易感品种，II 型不均衡饮食病史。

• 皮肤胶带粘贴可见角化不全，表现为角质形成细胞有细胞核。

• 组织病理确认伴有弥散性角化不全的棘层增厚。

• 治疗诊断。

4.2.5 其他疾病

英国激飞猎犬的牛皮癣－苔藓样皮肤病

病因学和发病机制

青年英国激飞猎犬耳廓皮屑性疾病，其病因不明。据报道，头孢氨苄治疗有效，表明这可能是葡萄球菌的免疫介导反应。

图 4.33　趋上皮性淋巴瘤患犬面部和耳部的银色皮屑

临床症状

耳廓凹面过度角化性斑块，其特征表现为红斑块和结痂。也可见于外耳道、头部和躯干腹侧。病变可能随时间推移而减轻或加重，几年内过度角化加重的患犬，常呈现慢性乳头状瘤外观。

重要诊断方法

• 临床症状和易感品种。

• 组织病理显示浅表性血管周围至间质性皮炎，伴随牛皮癣样表皮增生，以及界面性皮炎的苔藓化。

4.2.6 肿瘤

趋上皮性淋巴瘤

病因学和发病机制

大多数耳廓的肿瘤性疾病可见结节、斑块或溃疡。而趋上皮性淋巴瘤（EL）的早期阶段可见弥散性皮屑。EL 是由 T 细胞淋巴瘤恶变所引发；犬异位性皮炎可能是此病的诱发因素。肿瘤性淋巴细胞浸润于表皮和真皮上层。

临床症状

通常老年犬更易发病，皮屑可波及整个身体。EL 是一种非常多形性的疾病：犬猫常见瘙痒性红斑，以及斑块覆盖银白色皮屑。这些病例中可见耳廓增厚及过度角化的斑块和溃疡（图 4.33）。

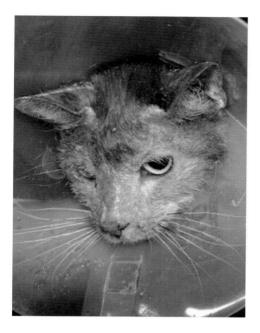

图 4.34　胸腺瘤患猫面部和耳部的细小皮屑

重要诊断方法

• 按压涂片检查可见多量嗜碱性胞浆的肿瘤性淋巴样细胞，和多形性锯齿状或分叶状核。

• 组织活检可见浅表真皮受到多形性肿瘤性淋巴细胞浸润，形成苔藓样条带外观。表皮内可能形成含肿瘤细胞的小水疱（波特利氏微脓肿）。

类肿瘤性剥脱性皮炎（PED）

病因学和发病机制

PED 是一种与猫胸腺肿瘤有关的副肿瘤综合征。一旦肿瘤被切除皮肤病变也会随之恢复。发病机制知之甚少；可能是一种自体免疫性细胞介导的过程。

临床症状

见于老年猫（>10 岁）。初始病变是非瘙痒性和红斑性表皮剥脱，首先出现于头部、颈部和耳廓（图 4.34），之后至全身。猫常表现咳嗽、呼吸困难、嗜睡和厌食症状。

重要诊断方法

• 临床表现确认胸腔肿瘤。

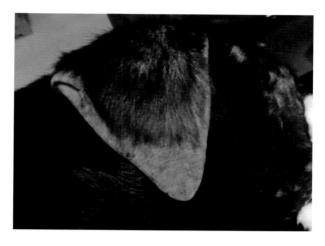

图 4.35　耳缘疥螨感染

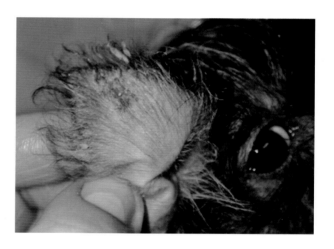

图 4.36　疥螨感染的幼犬，可见耳廓的结痂和皮屑

• 皮肤活检可见界面性皮炎，基底细胞水肿样变，角质形成细胞凋亡，卫星现象和淋巴细胞真皮浸润。

4.3　丘疹性疾病

外寄生虫

耳廓的外寄生虫疾病可导致丘疹出现。很多疾病不会引起外耳炎，但可导致甩头以及耳廓和面部侧面的自我损伤。

疥螨

病因学和发病机制

疥螨感染是一种犬常见而猫罕见的高度传染

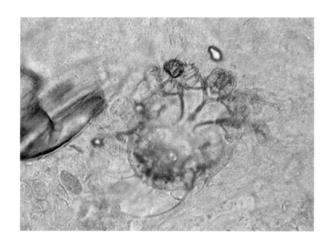

图 4.37　疥螨虫体

图 4.39　犬毛虱

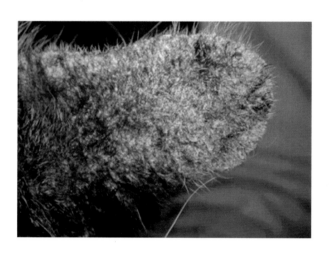

图 4.38　背肛螨感染的猫的耳廓

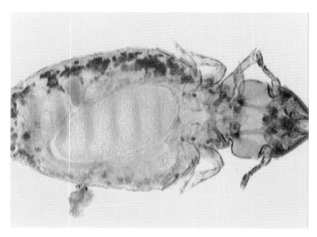

图 4.40　猫羽虱

性疾病。成虫穿行表皮产卵，特别会选择毛发稀疏的部位。疥螨生命周期为 14~21d。成年雌性疥螨离开宿主仍可以生存 2~6d。

临床症状

犬通常表现出瘙痒急性发作。常发部位包括耳缘（图 4.35），肘关节和跗关节伸面侧。可见耳廓边缘（图 4.36）黄色/灰色结痂性病变和耳廓丘疹性病变，常继发明显的自我损伤。常可见于猎犬经常感染疥螨，与狐狸接触有关。罕见外耳炎。

重要诊断方法

• 人为搔抓耳尖时，多数犬有明显的耳足反射。

• 皮肤深刮可见螨虫（图 4.37）、粪粒或卵，但此法敏感性低。

• 感染 4 周后可测血清学疥螨 IgG。异位性疾病的犬可由于户尘螨的交叉反应出现假阳性。

• 用合理的抗疥螨药可以做为治疗性诊断有效。

猫背肛螨

病因学和发病机制

由疥螨属猫背肛螨感染引起的一种高度传染

性外寄生虫病。此病主要感染于猫，但也可感染犬和人。耳缘是好发部位。

临床症状

头部和耳廓高度瘙痒，常被称作"头螨"。典型病变通常表现为厚厚的结痂性丘疹，融合聚集成结痂，常伴随表耳廓凸面的抓痕和脱毛（图4.38）。

重要诊断方法

· 皮肤深刮可见螨虫成虫、未发育完全的幼虫和卵。

· 治疗性诊断有效。

虱病

病因学和发病机制

常见于幼年动物和虚弱的动物，特别是那些群居室内的动物。虱子有宿主特异性，但可短期寄生在其他宿主上。犬的虱子包括咬虱中的犬毛虱（图4.39）和吸血虱中的棘颚虱和袋鼠虱。猫羽虱只感染猫（图4.40）。完全寄生在宿主身上的生命周期为21d。卵缠绕于毛发上。通过直接接触或污染物传播。

临床症状

耳尖是常见的虱子感染部位。病变不定，但常见瘙痒，包括皮屑、瘙痒、脱毛、丘疹和结痂。猎犬易感，特别是西班牙猎犬，常被感染，症状可见甩头。虱子也可存在于其他皮肤黏膜结合处，或者是全身。

重要诊断方法

· 胶带粘贴、拔毛检查可见有盖的卵黏附在毛干上。

· 皮肤浅刮可见寄生虫。

· 咬虱头宽，吸血虱头部较长呈锥形。

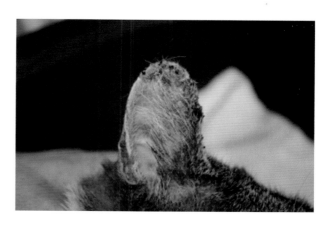

图 4.42 欧洲兔蚤引起的猫耳尖丘疹性病变（图片由 Jan Declercq 提供）

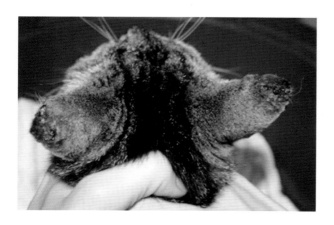

图 4.41 欧洲兔蚤引起的耳尖丘疹性病变（图片由 Jan Declercq 提供）

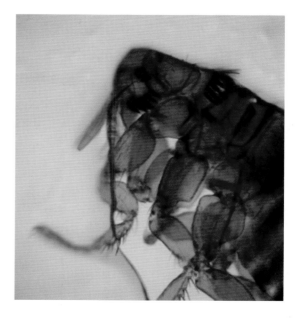

图 4.43 宽头跳蚤——欧洲兔蚤（图片由 Jan Declercq 提供）

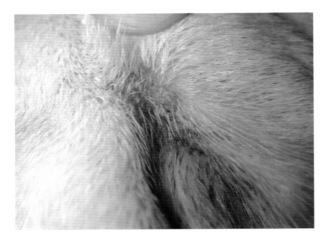

图 4.44 犬皮肤上的新秋恙螨

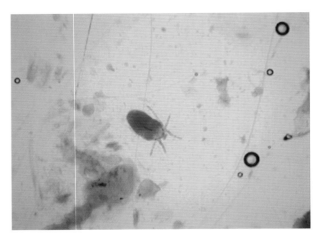

图 4.45 寄生性的六腿新秋恙螨幼虫

跳蚤

病因学和发病机制

兔子的跳蚤, 欧洲兔蚤可于猫耳尖周围生活, 偶见于犬。特别易感染猎兔的猫。跳蚤是瞬态寄生虫, 猫常耐受, 不表现症状。跳蚤在夏季最活跃。

临床症状

耳尖外周可见结痂丘疹性病变。增厚的耳尖溃疡常覆有结痂 (图 4.41, 图 4.42)。

重要诊断方法

• 耳尖可见跳蚤。

• 欧洲兔蚤和猫栉头蚤无法通过前胸栉和颊栉来区分。这两个品种均有前胸栉和颊栉。然而, 兔蚤头部更宽 (图 4.43), 腹部比栉头蚤更圆。

• 湿纸试验和血液样本对欧洲兔蚤几乎没有诊断意义。

秋恙螨

病因学和发病机制

秋恙螨中的新秋恙螨和阿氏真恙螨幼虫可在秋季寄生于犬猫。它们的采食活动引起接触部位食物丘疹性皮疹。通常短暂感染, 仅维持数天, 但幼虫可引起强烈瘙痒。放养的动物易感, 特别是当它们进入野生植被区时更易发生。

临床症状

螨虫可见于头部、耳部 (亨氏囊, 耳根皮肤的小皱褶, 也叫皮肤缘小袋)、爪部 (趾间, 图 4.44) 和腹部。感染区域检查肉眼可见很像红辣椒粒的橙色/红色的幼虫聚集。病变包括丘疹、结痂、皮屑和脱毛。

重要诊断方法

• 肉眼可见亮红色或橙色的六腿幼虫, 也可用胶带粘贴或皮肤浅刮收集并通过显微镜检查确诊 (图 4.45)。

蜱

病因学和发病机制

犬猫可感染硬蜱和软蜱。硬蜱最常与家养宠物的疾病相关。

临床症状

孵化后生命周期的所有阶段 (幼虫、蛹、成虫) 均可附着于犬猫皮肤。他们吸血后体型增大。头部和耳廓是常见的附着位置。通常他们不产生偶发刺激症状, 但他们一旦离开, 就可在叮咬部位留下一个小丘疹/结节病变。

图 4.46　猫头部蚊叮性过敏病变（图片自 Daniel Morris）

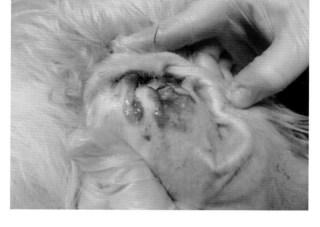

图 4.47　犬耳廓耐甲氧西林葡萄球菌感染

重要诊断方法

· 蜱虫是肉眼可见的大型寄生虫。

· 蜱虫病变的活检可见淋巴浆细胞性炎症的中心结节，且外周嗜酸性粒细胞增多。

蚊蝇叮咬性皮肤病
病因学和发病机制

苍蝇叮咬如厩螫蝇、蚊子或沙蝇可在犬猫耳廓采食，产生结痂性丘疹反应。猫的蚊叮性过敏（MBH）是宿主对蚊子唾液的 I 型反应，与苍蝇叮咬犬导致的刺激反应不同。特别见于室外生活的短毛猫。

临床症状

犬蝇叮性皮炎病变表现为结痂性丘疹性病变，尤其见于立耳动物的耳尖和垂耳动物耳部下垂的褶皱处。尤其出现在夏季的数月特别易见。猫 MBH 病变也出现在夏季但更广泛，耳廓内侧和外侧面均可见丘疹（图 4.46）。病变常为全身性，包括鼻梁、眼睑、下颌、唇部和爪垫。

重要诊断方法

· 蚊蝇叮咬病史。

· 防蝇后病变即恢复。

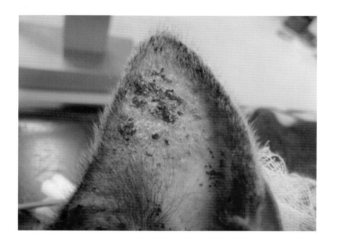

图 4.48　过敏猫耳廓的葡萄球菌感染

· MBH 还可见嗜酸性粒血症和高 γ 球蛋白症。

· 组织病理学可以区分 MBH 和自体免疫性皮肤病，前者可见浅表和深部嗜酸性粒细胞性皮炎、嗜酸性毛囊炎和疖病，且胶原蛋白变性。

4.4　脓疱性疾病

4.4.1　感染性脓疱性疾病

病因学和发病机制

细菌性疾病可在犬猫耳廓引起脓疱性病变。最常见的病原菌是凝固酶阳性葡萄球菌，特别是假中间型葡萄球菌，其他还涉及包括金黄色葡萄球菌、猪葡萄球菌和施氏葡萄球菌。耐甲氧西林

图 4.49　甲状腺机能减退患犬耳部严重的葡萄球菌感染

葡萄球菌感染也是犬猫脓皮病包括耳炎的一个病因（图 4.47）。葡萄球菌感染也常发展至耳道内。幼年犬猫寄生虫、过敏（图 4.48）和角化异常是常见的潜在诱因。中年和老年动物内分泌病（图 4.49）和代谢病可能是刺激因素。

临床症状

与自体免疫病相比，犬猫感染性疾病不常见耳廓脓疱。犬的耳廓感染时，最常见红斑、皮屑和结痂，偶见丘疹和脓疱。严重时耳廓可能出现与自体免疫病相似的溃疡（图 4.50）。耳缘通常无病变。

重要诊断方法

• 按压涂片染色、脓疱细胞学（退变的中性粒细胞和球菌）、培养和药敏试验。

4.4.2　无菌脓疱性疾病

与感染性疾病相比，原发脓疱性病变更常见于无菌脓疱性疾病。

落叶型天疱疮
病因学和发病机制

天疱疮是一种犬猫自体免疫性疾病，通常认为自体抗体直接攻击的部分是桥粒结构（表皮细胞间的连接部分称为桥粒）。细胞间连接结构丧失，导致皮肤棘层松懈并形成脓疱。

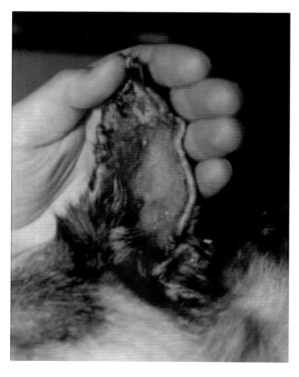

图 4.50　漏诊的葡萄球菌感染病例，耳廓严重溃疡

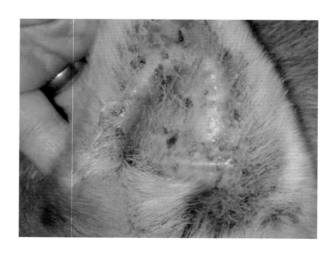

图 4.51　患落叶型天疱疮的秋田犬，耳廓的结痂和脓疱

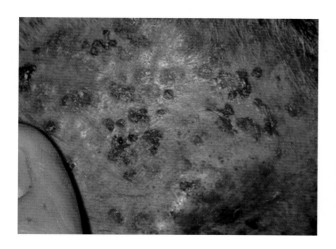

图 4.52　落叶型天疱疮患犬耳廓的脓疱和结痂

图 4.54　落叶型天疱疮患猫耳廓的厚痂

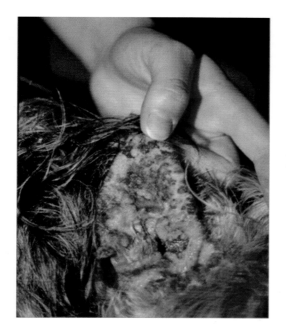

图 4.53　约克夏㹴的耳廓，该犬患严重的落叶型天疱疮

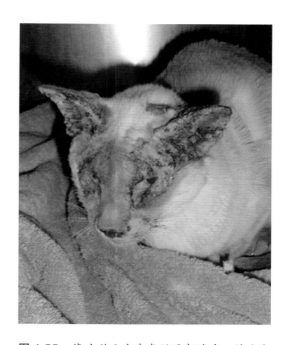

图 4.55　落叶型天疱疮患猫面部脓疱、结痂和糜烂

临床症状

易感品种包括秋田犬（图 4.51）、松狮犬、杜宾犬和柯利犬。病变常开始于面部，特别是鼻背侧和耳廓。犬常见爪垫过度角化，猫可见无菌性脓性甲沟炎。黏膜皮肤结合处病变罕见。有时病变可仅限于耳廓。犬脓疱性病变常见于耳廓凹面，常伴有皮屑、脱毛和糜烂（图 4.52，图 4.53）。猫不常见脓疱，但可见厚痂，特别在耳廓外周，可导致轮廓变形（图 4.54，图 4.55）。

重要诊断方法

• 对病变部位或结痂下按压涂片，然后染色。

• 脓疱细胞学（非退变性中性粒细胞和棘层松懈细胞，罕见细菌）。

• 对原发病变活检，可见颗粒层或角质层下皮肤棘层松懈，形成裂口、水疱或脓疱。

• 脓疱包含非退变性中性粒细胞和嗜酸性粒细胞。

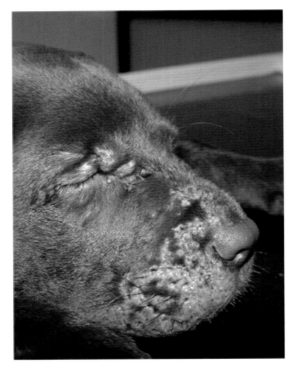

图 4.56 幼犬蜂窝织炎的嘴唇和口鼻部肿胀

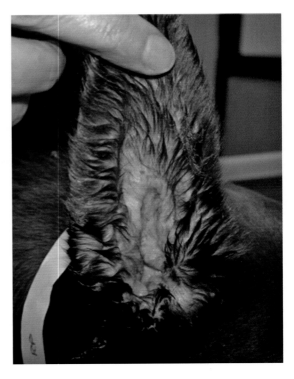

图 4.57 幼犬蜂窝织炎的无菌性溃疡性耳炎

幼犬蜂窝织炎（幼犬脓皮病，幼犬腺疫）

病因学和发病机制

一种病因不明的免疫介导性疾病，导致面部和耳部出现脓疱／肉芽肿性病变，常见于 3 周龄至 4 月龄的幼犬。

临床症状

易感品种包括拉布拉多猎犬、金毛猎犬、腊肠犬和戈登塞特犬。犬可见嘴唇、口鼻部（图 4.56）、眼睑和耳廓急性肿胀。常见无菌性脓疱，尤其在耳廓凹面。脓疱破裂形成溃疡，继发渗出和结痂。常见无菌性溃疡性外耳炎（图 4.57）。通常出现颌下淋巴结病。罕见情况下，可能在其他部位发生病变，也可见无菌性关节炎。

重要诊断方法

• 临床症状。

• 脓疱细胞学（中性粒细胞，单核细胞，罕见混合性继发细菌感染）。

• 早期病变的活检可见大量离散性或融合性肉芽肿和脓性肉芽肿，包含大量上皮样巨噬细胞群和大小不等的中性粒细胞群。

趋上皮性淋巴瘤

见 4.2.6 段落。

EL 可见耳廓脓疱性疾病。

4.5 结节性疾病

4.5.1 感染性结节性疾病

感染性疾病很少在耳廓引起结节性病变。

细菌性脓性肉芽肿

本病可能由某些微生物感染引起，包括葡萄球菌、链球菌（葡萄状菌病）、放线菌和诺卡氏菌。耳廓是很少发生感染的部位。

真菌性肉芽肿

本病可能由某些微生物感染引起，包括新型隐球菌（隐球菌病），链格孢霉、分枝孢子菌和其他（暗色丝孢霉病），申克丝孢子菌（丝孢子菌病）。其中，隐球菌最常见于耳廓。

新型隐球菌

病因学和发病机制

新型隐球菌是一种腐生出芽酵母菌，主要存在于鸽粪和桉树叶中。猫比犬更易感。病原经吸入感染，所以病变更容易在鼻面高发。侵袭到皮肤其他位置可能是由血液或淋巴扩散所造成。免疫抑制的动物感染这种疾病的风险更大。猫常与FeLV 和 FIV 感染有关。

临床症状

大约有 55% 的猫有流涕的上呼吸道疾病，鼻孔形成多个团块状病变或鼻梁肉芽肿性病变。耳廓病变形成丘疹和结节性病变，直径可达10mm。

重要诊断方法

• 按压涂片，细针抽吸。

• 切除组织活检可见真皮和皮下组织囊性退变或空泡化，或结节状至弥散性脓性肉芽肿或肉芽肿性皮炎，其中含有病原微生物，形态为厚厚的透明囊包裹的圆形或椭圆形小体。

• 隐球菌乳胶抗原血清学试验可能有效。

耳廓病毒性感染

耳廓病毒性感染通常导致溃疡性病变（见4.6 段落）。乳头状瘤病毒可引起耳廓疣状突起病变。

乳头状瘤病

病因学和发病机制

大多数病变由乳多空病毒引起，病原体通过直接或间接接触传播。已确定犬至少有三种类型，具有部位特异性的的乳多空病毒。犬病毒性乳头状瘤病主要常见于年轻犬，也可发生在免疫调节药物（如环孢素）治疗的动物身上（图 4.58）。病变会出现在嘴周和耳廓等皮肤部位上。

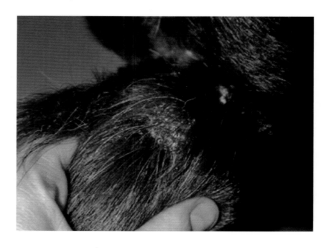

图 4.58 环孢素治疗时犬耳部出现的乳头状瘤

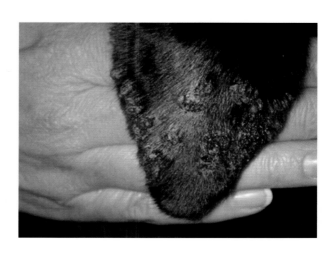

图 4.59 年轻犬耳部的乳头状瘤

临床症状

病变呈现为界限分明、肉色表面的菜花样团块（图 4.59），直径为 0.2~3cm。无瘙痒症状。

重要诊断方法

• 病史和切除活检。

• 活检最常见乳突状或斑块样的表皮增生和乳头瘤状性病。

4.5.2 非感染性结节性疾病

大多数耳廓的结节性疾病都是非感染性的。

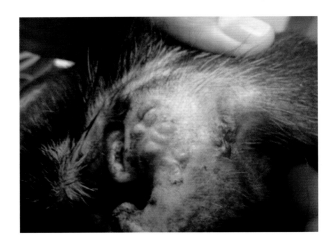

图 4.60　犬耳廓无菌性肉芽肿／脓性肉芽肿性疾病的结节性病变

无菌性肉芽肿和脓性肉芽肿性疾病
病因学和发病机制

这种疾病的发病机制尚不明确。由于不存在病原微生物的感染，且糖皮质激素和其他免疫调节药物对病变治疗有效，因而怀疑与免疫介导过程有关。这是一种犬不常见而猫罕见的疾病。

临床症状

大丹犬、拳师犬、金毛猎犬、威玛猎犬和柯利犬易感。猫无品种易感性。病变包括无痛性丘疹和结节，不同程度的脱毛，偶尔可继发性溃疡和感染（图 4.60）。最常见于鼻梁和口鼻部，也可见于耳廓。

重要诊断方法

· 细针抽吸可见无微生物感染的脓性肉芽肿或肉芽肿性炎症。

· 切除活检可见结节状或弥散的病变，表现为脓性肉芽肿或肉芽肿性皮炎。

组织细胞病

犬已确定有几种不同的皮肤组织细胞疾病。可分为反应性（皮肤和全身性组织细胞增多症）或肿瘤性的（皮肤组织细胞瘤和组织细胞肉瘤）疾病。此外，已知的浸润弥散性组织细胞肉瘤，主要是伯恩山犬易感，但很少发生在皮肤上。

皮肤和全身性组织细胞增多症
病因学和发病机制

明确的病因未知，但通常被认为是由于免疫系统调节异常所导致。

临床症状

伯恩山犬、金毛猎犬和拉布拉多猎犬、拳师犬和罗特威尔犬易感全身性组织细胞增多症（SH）。典型的病变为红斑和结痂，常伴随脱毛。通常不瘙痒且无痛。

重要诊断方法

· 细针抽吸细胞学可见组织细胞。

· 细胞学可见的正常组织细胞在切除活检的结节中浸润真皮和皮下，呈浅表或深度血管周结节状或弥散性分布。

肿瘤
病因学和发病机制

猫耳廓大部分常见的肿瘤列表见表 4.1。大部分肿瘤转移性低，仅在局部浸润。鳞状细胞癌是猫耳廓最常见的肿瘤。

FeSV，猫肉瘤病毒。

犬耳廓最常见的肿瘤列表见表 4.2。和猫一样，大部分肿瘤局部侵袭，转移性低。所有肿瘤发病率相同。

NSH，结节状皮脂腺增生；SA，皮脂腺瘤；SAC，皮脂腺癌；SE，皮脂腺上皮瘤。

临床症状

多样的临床症状取决于肿瘤的类型。

表 4.1 猫耳廓常见的肿瘤

肿瘤	主要症状鉴别
鳞状细胞癌	最常见的肿瘤,常受日光诱导,见于中老年白猫(>9 岁)。两种存在形式:增生溃疡性生长型和糜烂性溃疡型。虽然这是一种恶性的侵袭性肿瘤,但转移缓慢(图 4.61)
纤维肉瘤	猫常见的皮肤肿瘤,表现为不规则的结节,直径限制 1~15cm。常见脱毛和溃疡。年轻猫(<5 岁)为 FeSV 病毒诱导所致。肿瘤侵袭局部,低转移性(图 4.62)
血管瘤 / 肉瘤	肿瘤可能受日光诱发,常见于白猫。血管瘤小(0.5~4.0 cm),常单发,为良性,缓慢生长的无毛蓝紫色真皮或皮下团块。血管肉瘤生长迅速,界限不清,有侵袭性,高度转移性的大肿瘤。常见于 >10 岁的雄性猫,肿瘤常为红色 – 深蓝色斑块和结节,直径可达 2cm(图 4.63)
黑素瘤	不常见的耳廓,见于平均年龄为 10 岁的猫。大部分是良性的,常单发;大小为 1~3cm;分叶或斑块样;灰色、棕色或黑色
基底细胞瘤 / 上皮瘤 / 癌	界限分明,坚硬,白色或有颜色的,斑块或脐形结节,不同程度的脱毛和溃疡。常见于成年猫。肿瘤生长缓慢和良性。通常很小(直径 0.5~3.0 cm)。喜马拉雅猫、暹罗猫和波斯猫易感
肥大细胞瘤	耳廓肿瘤常见于老年猫(品均年龄 10 岁)。暹罗猫和雄性猫易感。肿瘤外观和大小非常不同,直径 0.5~5 cm。可能为丘疹或结节或斑块,粉色、黄色或白色。常界限分明并附着于皮肤下层。常为良性(图 4.64)

图 4.61 猫耳廓的鳞状细胞癌

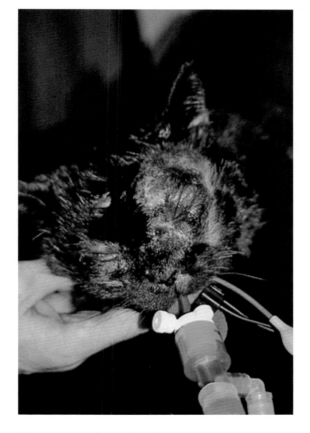

图 4.62 猫面部的纤维肉瘤

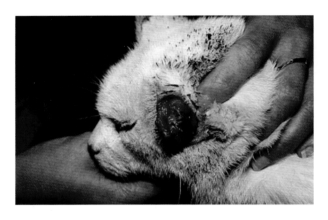

图 4.63 猫耳部的血管肉瘤

图 4.64 猫头部的多个肥大细胞瘤

表 4.2 犬耳廓常见的肿瘤

肿瘤	注释
鳞状细胞癌	日光诱发性肿瘤，常见于耳部；易感品种包括大麦町犬、牛头狸和拳师犬。两种存在形式：增生性、溃疡性生长型和糜烂性溃疡型，大小不等。肿瘤局部浸润，转移缓慢。
血管肉瘤	大部分常见于 >10 岁的犬，特别是德国牧羊犬、金毛猎犬、伯恩山犬和拳师犬。白毛品种更易感日光诱导性疾病。肿瘤界限不清，呈红色 – 深蓝色斑块或结节，直径 <2 cm。局部侵袭且转移性高
乳头状瘤	见病毒性疾病，4.5.1
肥大细胞瘤	拳师犬、波士顿狸、金毛和拉布拉多猎犬、斗牛犬、斯塔福斗牛狸和沙皮犬易感。平均年龄 8 岁。外观、大小不等（直径几毫米至几厘米）。可能单发或多发于真皮或皮下，丘疹至有蒂状病变，沙皮为弥散性病变。可见红斑至色素沉着过度。潜在的恶性和转移性取决于肿瘤等级
皮肤组织细胞瘤	<3 岁的青年犬。常为单发、圆顶状突起、无瘙痒、无痛性结节，直径可达 2cm。常生长迅速。自愈前形成溃疡。易感品种包括拳师犬、斗牛犬和苏格兰狸。
皮脂腺瘤（结节状增生,NSH，上皮瘤, SA, SAC）	所有病变均出现于 9~10 岁的老年犬上。NSH 最常见于比格犬、可卡犬（图 4.65）和贵宾犬。外观大小不等（0.3~5 cm），单发，界限分明，突起光滑，油腻，疣样或菜花样。SE 最常见于西施犬、拉萨犬和爱尔兰狸，外观与 NSH 相似，但可见溃疡和黑变（图 4.66），SA 和 SAC 在外观上与其他皮脂腺瘤相似。仅有 SAC 有浸润性和转移性（图 4.67）
浆细胞瘤	耳廓和垂直耳道顶部常见的肿瘤。平均发病年龄为 10 岁。可卡犬易感。病变界限分明（图 4.68），坚硬或柔软的突起，粉色或红色，位于真皮，直径常为 1~2cm

重要诊断方法

细针抽吸和切除活检，犬组织细胞瘤的病变可自愈，这与其他肿瘤不同。

4.6 溃疡性疾病

4.6.1 自体免疫性疾病

很多自体免疫性疾病都在耳廓出现溃疡。

皮肤红斑狼疮（盘状红斑狼疮）

病因学和发病机制

又名盘状红斑狼疮（DLE），是一种光诱导性的免疫介导性疾病，引起真皮 – 表皮结合力的损伤。可能有遗传性发病倾向。

临床症状

易感品种包括喜乐蒂牧羊犬、柯利犬、德国

图 4.65 可卡犬耳廓的结节状皮脂腺增生

图 4.66 约克夏㹴耳部大量的结节状皮脂腺增生

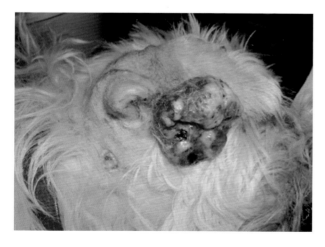

图 4.67 中老年西高地白㹴耳廓的皮脂腺癌

图 4.68 犬耳廓的浆细胞瘤

牧羊犬和西伯利亚雪橇犬（图 4.69，图 4.70）。DLE 罕见于猫（图 4.71）。最常见的病变部位是鼻面，但也可涉及耳廓，特别是猫耳廓。急性病变可见脱毛和红斑，慢性病变可见结痂性溃疡。

重要诊断方法

- 病史。
- 病变的细胞学检查诊断价值有限。
- 组织活检可见界面性皮炎（水肿、苔藓化，或两者都有），基底表皮细胞局灶性水肿性退变、色素失禁以及角质形成至细胞凋亡。

大疱性类天疱疮

病因学和发病机制

罕见的水泡性大疱疾病，与自体抗体攻击半桥粒有关，可能还有基底膜区。疾病触发机制尚不明确，但对紫外线这样的环境因素敏感和药物反应可能是重要原因。

临床症状

犬猫均可发病，通常有全身性问题不适，厌食，沉郁并发热。最常见于柯利犬。通常急性发病，造成糜烂和溃疡。发病部位包括皮肤黏膜结合处（图 4.72），轴区和腹股沟，耳廓也可发病，出现严重的溃疡和渗出（图 4.73）。大疱性类天疱疮比其他的自体免疫性疾病更常见完整的水疱。

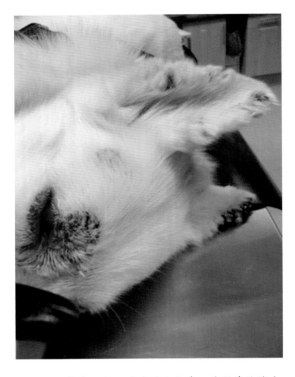

图 4.69　患盘状红斑狼疮的哈士奇，其耳廓边缘出现结痂和皮屑

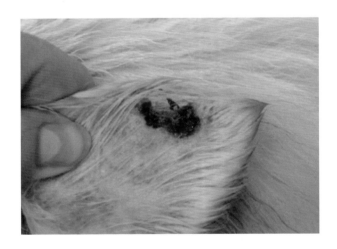

图 4.70　盘状红斑狼疮引起德国牧羊犬耳部的慢性溃疡性病变

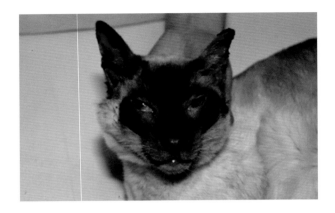

图 4.71　盘状红斑狼疮患猫的耳廓溃疡

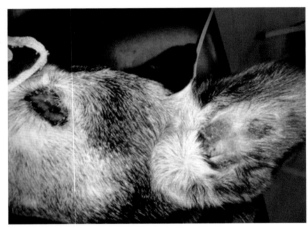

图 4.72　患大疱性类天疱疮的柯利犬眼周和耳廓溃疡

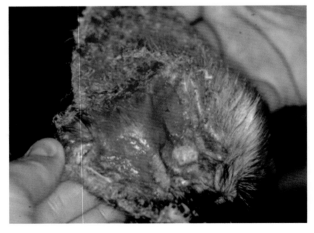

图 4.73　大疱性类天疱疮患犬的耳廓溃疡

重要诊断方法

·病变的细胞学检查诊断价值有限。

·活检可见表皮下裂口和水疱形成。没有棘层松懈现象。炎症程度不一，从轻度到明显的血管周浸润，以致苔藓化。

4.6.2 环境性疾病

低温引起的损伤常导致耳廓溃疡。

冻伤

病因学和发病机制

由于长时间暴露在严寒天气中，特别伴随潮湿和大风时，会发生组织损伤。损伤直接来自细胞的冻伤，以及循环问题导致的组织缺氧。

临床症状

病变出现在毛发稀少的部位，特别是尾尖和耳尖。爪垫也可发病。急性发病时皮肤红斑、疼痛和水肿（图 4.74）。7~14d 后，正常组织与损伤组织可能变得界限分明，后者可能脱落腐肉。

重要诊断方法

·病史和临床症状。

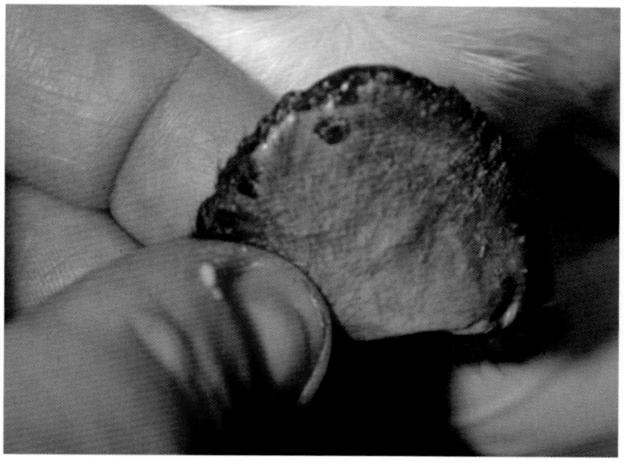

4.6.3 免疫介导性疾病

特发性耳缘血管炎

病因学和发病机制

是一种Ⅲ型免疫复合物介导性疾病，虽然病因不明，但可能与药物有关。

临床症状

腊肠犬可能易感。病变呈穿孔样溃疡性病变，局限于耳廓边缘（图 4.75）。溃疡似乎无瘙痒和疼痛表现。疾病通常为双侧（图 4.76），每只耳可能有很多病变，如不及时治疗，病变可沿耳廓凹面扩散。

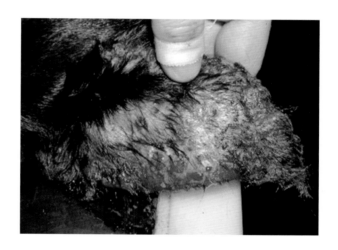

图 4.75　犬耳尖的穿孔样溃疡

图 4.74　犬耳尖的冻伤病变

图 4.76　血管炎病例双侧耳廓外周的溃疡

重要诊断方法

• 病史。

• 病变组织活检可见不同程度的白细胞破碎性血管炎。

冷凝集素疾病
病因学和发病机制

冷凝集素疾病（CAD）是一种自体免疫性疾病，与冷反应红细胞自体抗体有关。一旦温度低于临界水平，抗体导致肢端的红细胞自体凝集反应，特别容易发生在耳廓。耳廓的小动脉末端和毛细血管形成微小血栓，导致不同程度的缺血性坏死。

临床症状

早期病变包括水肿和红斑。随后紫癜和肢端进一步发绀，紧接着结痂、溃疡和坏死，于是导致耳尖缺失（图4.77）。其他发病部位包括尾部和爪垫。

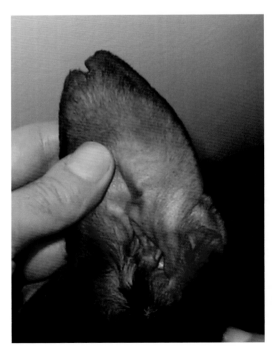

图4.77 冷凝集素疾病的耳尖缺失

重要诊断方法

• 病史，体格检查。

• 显示冷凝集素有临床意义的凝固点。自体凝集反应出现于 0~4℃，并在 37℃恢复。

药疹
病因学和发病机制

由于全身或耳部的特定用药引起的皮肤病。药物可引起许多不同的免疫介导发病模式，包括水肿、天疱疮、类天疱疮和血管炎。常见的导致药物反应的药物包括抗生素、非甾体抗炎药、疫苗和驱虫药。

临床症状

耳部常出现血管损伤性病变。血管炎导致剧烈的穿孔，严重病例可能发生位于耳廓边缘的融合性溃疡（图4.78）。

重要诊断方法

• 病史。

• 活检只能辅助诊断，很少有确诊意义。

• 避免可能的刺激反应。

犬家族性皮肌炎
病因学和发病机制

这是一种免疫介导性疾病，可引起血管损伤并因此导致皮肤和肌肉损伤。喜乐蒂牧羊犬和柯利犬有家族遗传性，但其他品种可也发病。

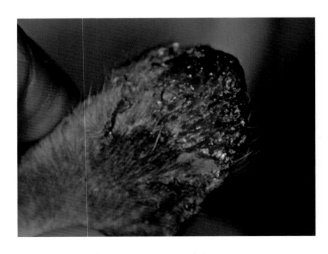

图4.78 由药疹引起的猫耳尖血管炎

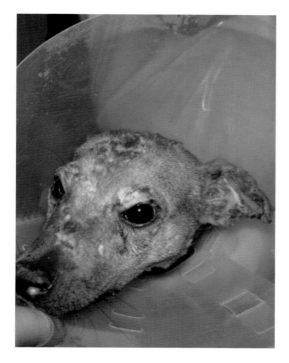

图 4.79　犬皮肌炎

图 4.80　皮肌炎患犬耳尖皮屑和红斑

临床症状

　　犬发病年龄大于 6 月龄。病变见于鼻梁、眼周皮肤和耳尖（图 4.79）。一些病例也可涉及尾尖和指甲。严重时患犬可见咀嚼肌损伤，进食困难。早期皮肤病变为脱毛、红斑和一些皮屑（图 4.80）。慢性耳部病变可造成耳廓变形，偶尔可见溃疡和坏死（图 4.81）。

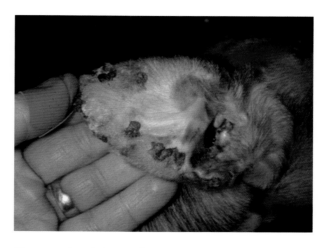

图 4.81　皮肌炎病例耳廓的溃疡和坏死

重要诊断方法

　　• 病史，易感品种。

　　• 病变活检可见散在的表层和毛囊基底细胞空泡变性。偶见凋亡细胞。常见毛囊萎缩和纤维化。可见皮肤血管炎。

　　• 一些犬可见 EMG 异常。

复合性多形红斑

病因学和发病机制

　　复合性多形红斑是一种非常罕见的免疫介导性皮肤病，分为一系列渐进性严重的形式：轻型多形红斑、重型多形红斑、史蒂芬 - 约翰逊综合征（SJS）、SJS- 中毒性表皮坏死松懈症重叠综合征、中毒性表皮坏死松懈症（TEN）。轻型和重型多形红斑常与感染有关，特别是病毒感染后。其他形式常为药物诱导。

临床症状

　　分组中较严重的形式常急性发作，病变逐渐变得越来越广泛，表现出攻击性更强的发病形式。复合性疾病的所有形式在耳廓都可发病。EM 病变可见 "靶样病变"，广泛的红色斑点和丘疹（图 4.82）。SJS/TEN 可见皮肤水疱、溃疡和坏死（图 4.83）。随着疾病变得更加严重和广泛，动物的总体健康每况愈下。

图 4.82　犬多形红斑的早期症状

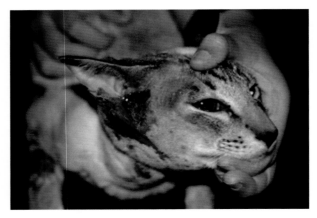

图 4.84　猫痘病例的面部病变

幼犬脓皮病

见 4.4.2 段落。

4.6.4 感染

葡萄球菌感染

见 4.5.1 段落。

真菌感染

见 4.5.1 段落。

病毒感染－猫痘病毒（牛痘）

病因学和发病机制

由正痘病毒引起，可能是由小型啮齿类动物咬伤所传播。临床现显此病在秋季最常见。

临床症状

原发病变常出现于咬伤部位，短暂出现的红疹或糜烂随即恢复。可能在面部（图 4.84）、耳部或腿部。10~14d 后，猫常发展为更广泛的大结痂性丘疹。

重要诊断方法

• 可由结痂处或病毒运送培养液分离病毒。

• 活检可见增生性膨胀变性，网状变性，微

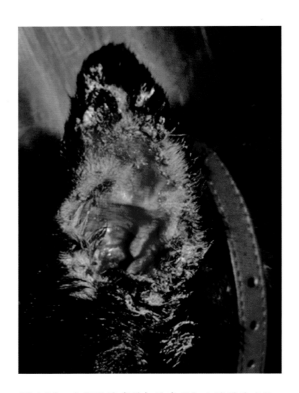

图 4.83　由肝脏肿瘤引起的多形红斑的严重症状

重要诊断方法

• 病史和临床症状。

• 活检可见水肿性界面性皮炎，角质形成细胞的单细胞坏死，淋巴细胞和巨噬细胞呈现卫星现象。临床症状分布和严重程度与组织病理学一样有助于诊断。

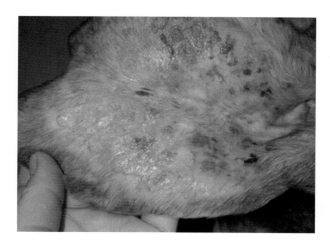

图 4.85　趋上皮性淋巴瘤患犬耳部溃疡

图 4.86　青年腊肠犬耳部的模型斑秃

泡形成，病变的上皮和毛囊外根鞘坏死。角质细胞可见胞浆内嗜酸性病毒包涵体。

4.6.5 肿瘤

趋上皮淋巴瘤

见 4.2.6 段落（图 4.85）。

鳞状细胞癌

见 4.5.2 段落。

4.7　脱毛性疾病

4.7.1 无原发病变性脱毛

甲状腺机能减退

见 4.2.2 段落。

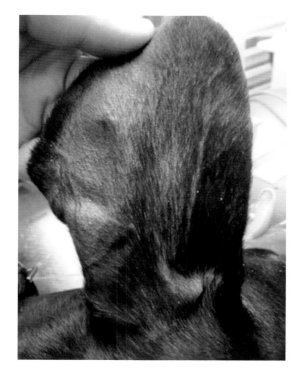

图 4.87　腊肠犬耳部的模型斑秃

模型斑秃

病因学和发病机制

病因不明的不常见疾病。认为存在遗传易感性。

临床症状

易感品种包括腊肠犬、波士顿犬、吉娃娃犬、灵猩、惠比特犬和迷你杜宾犬。无瘙痒性脱毛在不知不觉中缓慢发展（图 4.86）。腊肠犬的临床症状通常开始于 6~12 月龄。在完全脱毛前，由于毛发变短、变细，耳廓被毛首先变薄（图 4.87）。身体其他部位正常。脱毛部分色素过度沉着。

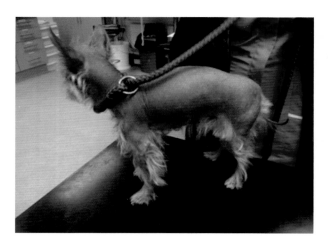

图 4.88　色素稀释性脱毛可见身体和耳廓毛发稀疏

图 4.89　松狮头部和耳部的簇状脱毛

重要诊断方法

• 病史，易感品种。

• 活检可见毛囊微型化，附属器正常。毛囊更短更细，毛球小，毛干细。

毛囊发育不良

病因学和发病机制

毛囊发育不良可导致毛干出现异常。这可能与色素稀释性脱毛有关，毛囊内毛干色素异常导致脱毛。易感品种有杜宾犬和腊肠犬。

临床症状

脱毛常见于背部和躯干侧面，也可见于耳廓凸面。淡蓝（灰）色被毛的犬在 6 月龄时发病，颜色较淡的犬（钢蓝色）症状可能至 2~3 岁都不显露（图 4.88）。

重要诊断方法

• 拔毛检查可见大量大小和形状不等的巨大黑素小体，在毛干呈不均匀分布。

• 组织病理可见表皮和毛囊基底细胞，以及毛母细胞黑色素聚集，大量毛球周的噬黑色素细胞。

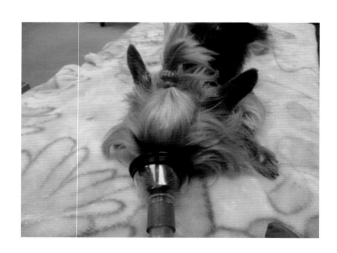

图 4.90　约克夏㹴黑皮病的早期病变

簇状脱毛

病因学和发病机制

簇状脱毛是生长期毛囊受到免疫介导性攻击所引起。最常见于犬。

临床症状

脱毛可为非炎性局灶性或多灶性。脱毛区域边界明显，显露出的皮肤看似正常。耳廓是常见发病部位，但也可出现于头部、颈部和躯干（图 4.89）。

重要诊断方法

· 拔毛检查可见典型的"叹号样"毛发，短而粗的毛发受到磨损，毛尖端断裂。

· 组织活检可见毛球周淋巴细胞、组织细胞和浆细胞浸润，常称为"蜂窝"样。慢性发病时毛囊萎缩。

约克夏㹴黑皮病和脱毛
病因学和发病机制

原因不明的遗传性疾病。

临床症状

6 月龄至 3 岁的动物表现出耳廓、鼻梁、尾部和爪部脱毛和色素过度沉着。病变皮肤光滑，无瘙痒或疼痛（图 4.90）。

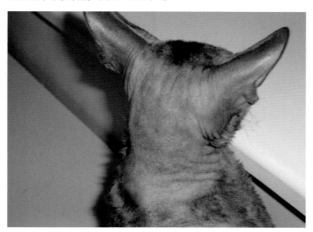

图 4.91　猫耳部的先天性少毛症

重要诊断方法

· 临床症状

· 活检可见表皮表面和毛囊正角化过度，以及表皮黑变症。

先天性无毛
病因学和发病机制

先天性无毛见于无毛品种，包括墨西哥无毛犬、中国冠毛犬、斯芬克斯猫和它们的杂交品种。出生时无毛。

临床症状

出生时可见全身性躯干无毛；一些动物的耳廓可能保留部分毛发（图 4.91，图 4.92）。

重要诊断方法

· 发病品种的临床症状。

· 活检可见毛囊萎缩、数量减少或完全消失。常见毛囊扩张和过度角化。

4.7.2 粉刺性脱毛

粉刺与很多不同的疾病有关，最常见于蠕形螨病和肾上腺皮质机能亢进。

图 4.92　先天性全身少毛症

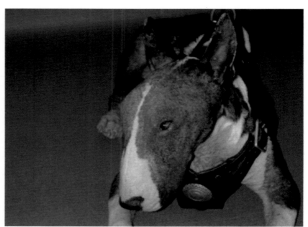

图 4.93　犬鳞状蠕形螨病

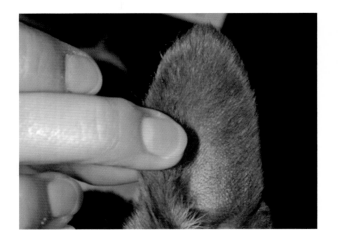

图 4.94　蠕形螨病早期病变的粉刺形成

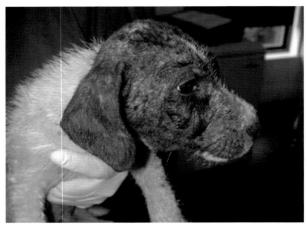

图 4.96　年轻犬面部的蠕形螨病

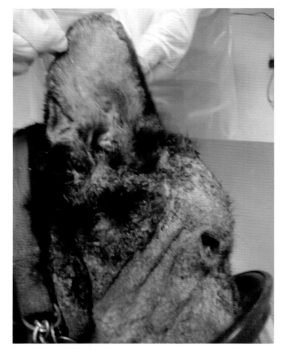

图 4.95　犬面部脓疱性蠕形螨病

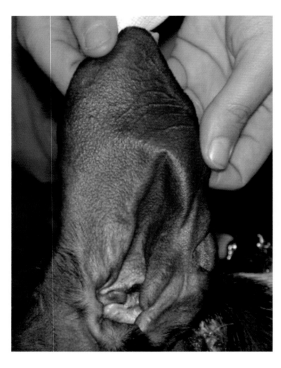

图 4.97　自发性库兴氏疾病可见耳廓粉刺和脱毛

蠕形螨病

病因学和发病机制

毛囊内的螨虫可导致犬猫耳廓脱毛和粉刺形成。犬蠕形螨和猫蠕形螨分别导致犬、猫发病。蠕形螨在免疫力健康的犬猫皮肤上，是无症状的共生寄生虫。生命周期为20~35d。小于3岁青年犬的发病（幼年首发蠕形螨病）可能与自身的遗传因素有关，这些因素会导致螨虫增殖。3岁以上的犬可能由免疫抑制因素引发疾病（成年首发蠕形螨病），例如，内分泌病或肿瘤等。猫蠕形螨常与全身性免疫抑制疾病有关，如糖尿病、自发性或医源性肾上腺皮质机能亢进、FeLV 或 FIV 感染。蠕形螨病分为局部或全身性，呈鳞状（图4.93）或脓疱性。所有的形式都可出现在耳廓，但是非毛囊形式的螨虫，如戈托伊蠕形螨和表皮蠕形螨，常出现红斑和皮屑，而不是粉刺。

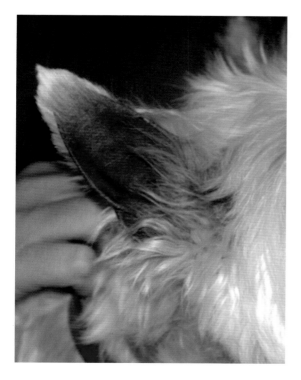

图 4.99 医源性库兴氏疾病患犬耳尖的脱毛和卷曲

图 4.98 由过度的糖皮质激素外部治疗引起的医源性库兴氏疾病

临床症状

耳廓病变可见脱毛、皮屑（图 4.94）。由于粉刺的聚集，皮肤呈灰蓝色。可继发马拉色菌或细菌感染，额外引发丘疹 / 脓疱性病变（图 4.95）。其他常见发病区域包括面部、颈部、头部、前肢和躯干（图 4.96）。

重要诊断方法

• 皮肤深刮和拔毛。

• 挤压皮肤可能有助于挤出毛囊内容物。

• 增厚的皮肤和沙皮犬的蠕形螨有必要进行活检诊断。

肾上腺皮质机能亢进

病因学和发病机制

自发性（80%~85%）犬肾上腺皮质机能亢进（HAC），是在功能性垂体瘤作用下，导致促肾上腺皮质激素（ACTH）产生过多和双侧肾上腺增生。约 15%~20% 的病例是由肾上腺肿瘤引起的。HAC 罕见于猫。临床症状与机体产生过多可的松有关。耳廓的医源性 HAC，是源于过度使用耳部或全身性糖皮质激素。耳部糖皮质激素包括类固醇喷剂、乳霜或凝胶施用于耳廓，或强效的类固醇耳道滴剂随上皮移行或定位使用在耳廓。长期使用全身性类固醇，使肾上腺 / 垂体轴功能闲置，比如每日使用或持续使用长效注射针剂，就会引起医源性 HAC。

临床症状

自发性 HAC：㹴类犬、腊肠犬（肾上腺肿瘤）、拳师犬（垂体肿瘤）易感。非皮肤的症状千变万化，包括多尿、烦渴、多食。皮肤症状包括全身对称性非炎性脱毛、皮肤萎缩和粉刺。耳廓皮肤萎缩、脱毛和粉刺是特征性变化（图 4.97）。继发感染可导致外周结痂。

医源性 HAC 产生的症状与自发性的相似（图 4.98，图 4.99）。猫耳廓的典型症状可见耳尖萎缩并内卷。

重要诊断方法

• 血常规和生化检查，动态功能试验（ACTH 刺激试验、低剂量地塞米松抑制试验）。

• 活检意义不大。

第5章 耳道疾病

Sue Paterson

由于耳道具有与皮肤相似的结构，任何皮肤问题都可以影响到耳部。需要鉴别导致外耳炎的原发性诱因有哪些。这些诱因在表5.1中列出。

5.1 过敏（也可参见第4章，4.1.1节）

异位性皮炎、食物过敏、接触性过敏／刺激
临床症状

在急性过敏时，耳道表现为发红和增生（图5.1），伴有少量分泌物。鼓膜松弛部可能表现为肿胀和水肿（图5.2）。在大多数慢性疾病中，耳道会变得狭窄（图5.3），并伴有不断增多的糜烂和溃疡，分泌物和继发感染（参见后面的5.10节）。食物过敏和异位性皮炎不能单纯根据耳道的表现来鉴别。疾病可能是单侧的。在接触性刺激／过敏的病例中，如果不停用外用药，那么用药处会出现严重溃疡。

5.2 内分泌疾病

5.2.1 甲状腺机能减退（参见第4章，4.2.2节）
临床症状

耳道的变化没有特异性，伴有轻度增生和浓稠的耵聍腺分泌物（图5.4）。慢性病例会发

表 5.1 外耳炎的原发性诱因

原发性诱因	注释
过敏	异位性皮炎、食物过敏、接触性过敏
内分泌疾病	甲状腺机能减退、肾上腺皮质机能亢进
外寄生虫	犬耳螨，蠕形螨（犬、猫）
角化异常	皮脂腺炎，原发性特发性皮脂溢
自体免疫性疾病	落叶型天疱疮、盘状红斑狼疮
特发性	幼犬蜂窝织炎，增生性和坏死性耳炎（猫）
异物	草芒、药物、耵聍石
肿瘤	（表5.2）
增生性疾病	息肉、腺体增生

展为细菌性和／或酵母菌性感染，以及偶尔出现耳道蠕形螨病。

5.2.2 肾上腺皮质机能亢进（参见第4章，4.2.2节）
临床症状

无并发症的病例，通常只是腺体分泌减少，但是这种疾病的免疫抑制作用会使动物易发生耳道蠕形螨病，或者细菌或酵母菌感染。

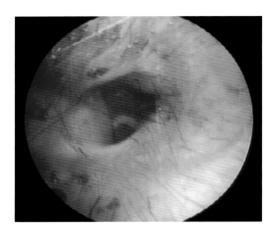

图 5.1 过敏早期出现耳道发红

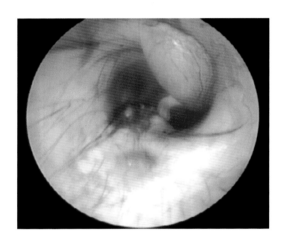

图 5.2 过敏的耳道出现鼓膜松弛部的水肿

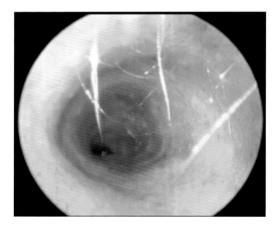

图 5.3 狭窄的增生性的过敏的耳道

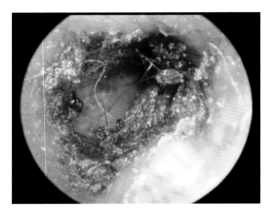

图 5.4 甲状腺机能减退的犬的耳道有大量耵聍性分泌物

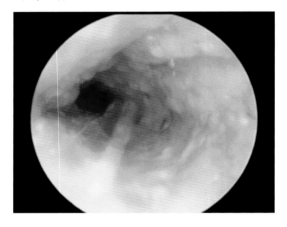

图 5.5 患有肾上腺皮质机能亢进的犬的耳道有假单胞菌感染

5.3 外寄生虫

5.3.1 耳螨

病因和发病机制

耳螨是一种相对大的螨虫（0.3~0.4mm），绝大部分生活在犬和猫的耳道，但偶尔也能在身体的其他部位找到，尤其是猫的尾根周围，这是由于他们蜷着睡觉的缘故。此种螨虫不会掘洞穴，靠采食皮肤表面的碎屑和组织液生活。通常认为耳螨可以离开宿主而独立生活数周。这种螨是一种潜在的人畜共患病，能导致接触过的人出现红疹。

临床症状

年轻犬较易感。耳螨感染导致大量干燥的、深褐色、易碎的碎屑产生。一些作者描述为"咖

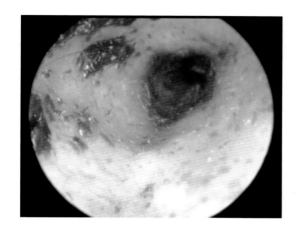

图 5.6　耳道中的耳螨

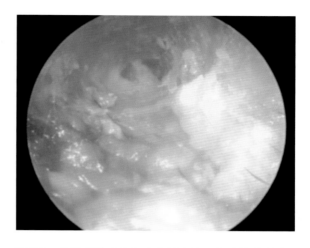

图 5.8　患蠕形螨病的犬具有增生性且含耳蜡的耳道

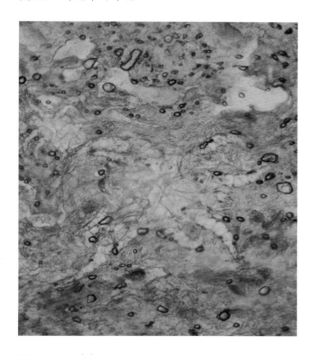

图 5.7　耳蜡中的耳螨

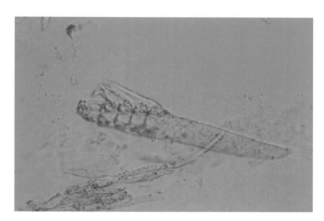

图 5.9　耳蜡中的蠕形螨

5.3.2 蠕形螨

病因学和发病机制

参见第 4 章，4.7.2 节

临床症状

犬蠕形螨是一种毛囊蠕形螨。据报道，它是导致犬外耳炎的一种罕见病因。耳道内的临床症状没有特异性，通常表现为增生和耳蜡（图 5.8）。对于猫，戈托伊蠕形螨（D.gatoi）更常见，与耵聍性外耳炎有关。不论是对耳蜡的检查还是在耳道壁上做皮肤刮片采样，都可以发现耳道中的蠕形螨（图 5.9，图 5.10）。

啡渣"样物。肉眼通过耳镜观察耳螨，可见白色可移动小点（图 5.6）。耳道发红和瘙痒的程度变化很大，因为一些动物对螨虫有过敏反应，从而导致与螨虫数量不成比例的炎症反应。

重要诊断方法

- 临床症状
- 耳蜡的显微镜镜检（使用 10% 的氢氧化钾）可见典型的卵圆形螨虫，短肉茎且吸盘位于前四肢（图 5.7）

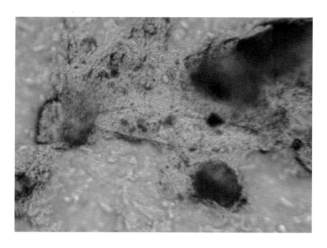

图 5.10　胶带粘贴采样所获得的部分隐蔽于碎屑中的蠕形螨

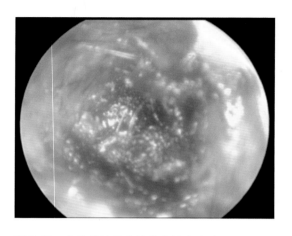

图 5.12　犬耳道的原发性特发性皮脂溢

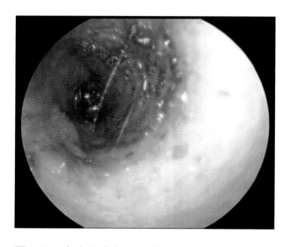

图 5.11　患皮脂腺炎犬的耳道

5.4 角化异常

5.4.1 皮脂腺炎

病因学和发病机制

参见第 4 章，4.2.4 节。

临床症状

皮肤皮脂腺的破坏也能导致耳道内的腺体组织的损伤。犬出现典型的耳道发红，常见增生，耳道含有大量干性、结痂性物质（图 5.11）。这些耳朵如果使用酸性溶剂或强效溶耵聍液过度清洁，就会导致严重的革兰氏阴性菌的感染。

5.4.2 原发性特发性皮脂溢

病因学和发病机制

参见第 4 章，4.2.4 节。

临床症状

此病见于许多不同的品种，但报道多见于可卡犬。耳内增多的耳蜡导致厚的、恶臭的、耵聍性分泌物（图 5.12），通常伴有继发性酵母菌感染。在慢性病例中，耳道出现腺体增生的症状。

5.5 自体免疫性疾病

落叶型天疱疮

病因学和发病机制

参见第 4 章，4.4.2 节。

临床症状

任何品种都可患病，但秋田犬更易感，并能因天疱疮发展为严重的外耳炎而皮肤其他部分却很少涉及。在耳部患病的早期，出现疼痛和耳道增生、发红和溃疡，一些病例中还能见到原发性脓疱（图 5.13）。在更多的慢性病例中，可发生革兰氏阴性菌的继发感染。

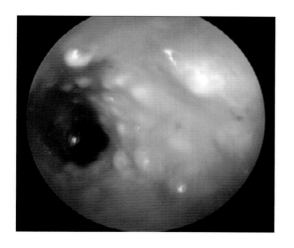

图 5.13　患有落叶型天疱疮的犬，其耳道内的脓疱

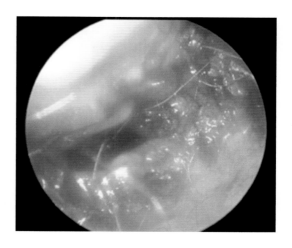

图 5.15　患增生性和坏死性耳炎的猫耳道

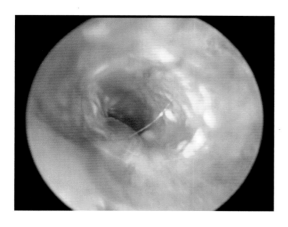

图 5.14　患幼犬蜂窝织炎的犬耳道

5.6 特发性疾病

5.6.1 幼犬蜂窝织炎

病因学和发病机制

参见第 4 章，4.4.2 节。

临床症状

耳道肿胀、发红、溃疡和疼痛（图 5.14）。分泌物一般呈血性脓性，但在疾病早期，是无菌的。在慢性病例中，常发生革兰氏阴性菌感染。

5.6.2 增生性和坏死性耳炎

病因学和发病机制

病因未知且很罕见的疾病，仅在少数猫有过报道。所有猫都很年轻（<5 岁）。这种疾病对免疫调节药物有反应，故提示可能与免疫介导性疾病有关。

临床症状

患病猫有大的黄褐色或深棕黑色的融合性斑块（图 5.15），覆盖在耳廓的凹形表面以及外耳道。斑块分泌易碎物质，厚的黑色分泌物堵塞耳道。常继发细菌和酵母菌感染。

重要诊断方法

• 病史和临床症状。

• 活检显示棘层增厚，伴有毛囊根鞘增生和中性粒细胞性毛囊腔炎、毛囊过度角化。可见坏死的角质形成细胞位于外根鞘。

5.7 异物

5.7.1 自然生成——草芒、灰尘、沙砾、断裂或松动的毛发

临床症状

最常见于年轻的猎犬，常表现为急性发生，疼痛和单侧性外耳炎，之前无耳病史。垂直耳道触诊通常引起疼痛。在耳镜检查后通常能找到异物（图 5.16A）。一些异物完全没有症状

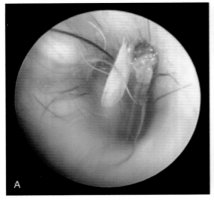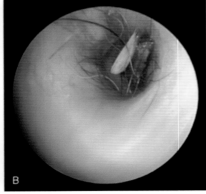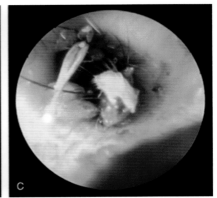

图 5.16　耳道内的异物（A~C）

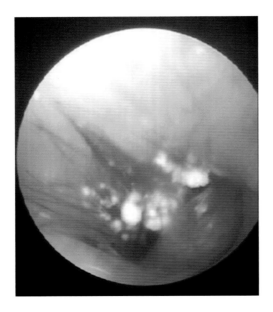

图 5.17　犬的耳道中有耳毛粉

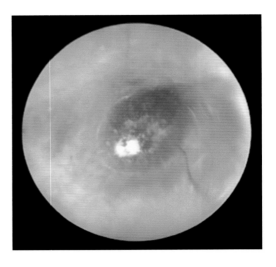

图 5.18　耳道中的液体

（图5.16B）。然而，异物可以移动至水平耳道最深的位置（5.16C），使鼓膜破裂，并导致中耳炎。

5.7.2 医源性－医用溶剂和粉剂

临床症状

耳病呈急性发生，常有去过美容或医院的病史。由于耳道上皮移行不良或动物主人没有将过多的药液移除，就会导致药物累积。粉剂能沉积在耳道基部（图5.17），且可能需要手工移除，或者耳用滴剂或洗剂的过度使用可在水平耳道潴留（图5.18）。犬的水平耳道中如果有物质残留，该犬表现为摇头或者听力减退。

5.7.3 表皮移行不良——耵聍石

病因学和发病机制

如果鼓膜表面的角质形成细胞由于感染或外寄生虫而损伤，那么鼓膜会依靠纤维化而自行修复。如果生发上皮因同样的原因而受到损伤，就会导致正常移行功能的丧失。正常移行功能是从鼓膜中央的凹陷，即鼓膜凸开始的。耳蜡和角质在鼓膜基部积聚，形成软的耳蜡栓（图5.19），或大而硬的凝固物（2~4cm）或耵聍石（图5.20）。耵聍石可能黏附在短的耳毛上，这些耳毛环绕在鼓膜纤维环的周围，耵聍石也能直接黏附在鼓膜上。

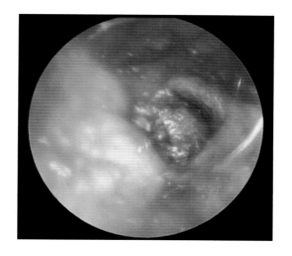

图 5.19　软的耵聍石压迫耳道

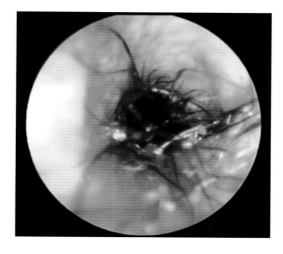

图 5.22　耵聍石黏附在水平耳道

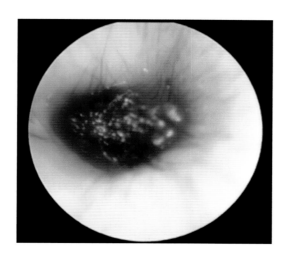

图 5.20　硬的耵聍石压迫耳道

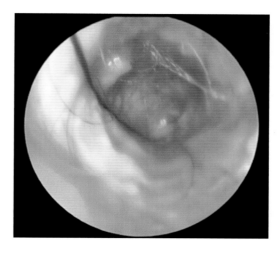

图 5.23　耵聍石穿过鼓膜。图片显示耳毛从鼓膜向外突出

临床症状

当耵聍石压迫耳道时，它们会导致不适，引起动物摇头或摩擦耳部。一些耵聍石非常大（图5.21），如果耵聍石黏附在水平耳道的耳毛上，动物摇头时会突感不适（图5.22）。如果耵聍石黏附在鼓膜上，动物摇头时导致鼓膜破裂，这时外界物质进入中耳（图5.23），引起中耳炎。水平耳道积聚的物质可以导致听力下降。耵聍石的重量导致中耳耳腔的压力增加，进而引起前庭疾病。

图 5.21　移除的耵聍石，与针头比较大小

5.8 耳道的肿瘤和增生

犬的耳道肿瘤不常见，且良性和恶性肿瘤的

表 5.2　犬耳道的肿瘤和增生性情况

良性	恶性
耵聍腺瘤 / 增生（图 5.24）	耵聍腺癌
基底细胞瘤	鳞状细胞癌
乳头状瘤（图 5.25）	软组织肉瘤（图 5.27）
皮脂腺瘤（图 5.26）	恶性黑素瘤
组织细胞瘤	
浆细胞瘤	

表 5.3　猫耳道的肿瘤和增生性情况

良性	恶性
耵聍腺瘤（图 5.28）	耵聍腺癌
皮脂腺瘤	鳞状细胞癌
纤维瘤	皮脂腺癌

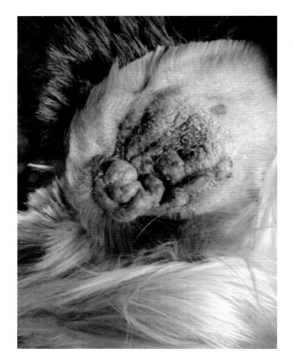

图 5.24　犬的耵聍腺瘤

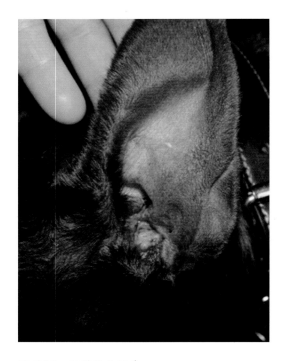

图 5.25　耳道乳头状瘤

比例几乎相等。犬最常见的肿瘤是源于耵聍腺的肿瘤（表 5.2）。

　　猫耳道的大多数肿瘤是恶性的，通常是源于上皮和耳道附属结构的癌症。最常见的肿瘤源于耵聍腺。表 5.3 列出了猫耳道最常见的肿瘤和增生性情况。

5.8.1 良性肿瘤

耵聍腺瘤

病因学和发病机制

　　这是外耳道常见的良性肿瘤。最常见于中年至老年动物。

临床症状

　　这些肿瘤突出于表面，偶尔有蒂（图 5.29），可能单个或多个（图 5.31），粉红（图 5.32），或变黑（图 5.33）。如果肿瘤堵塞耳道，通常会出现临床症状，动物会表现为瘙痒和摇头。通常继发革兰氏阴性菌感染，这些菌能产生恶臭的分泌物。犬的宽底耵聍腺瘤被列为这种肿瘤的一种亚类（图 5.34）。这些病变表现为宽底的息肉黏附在耳壁上。

重要诊断方法

• 打孔活检通常不能诊断此病。对于宽底肿瘤，可能会被漏诊，而只表明有息肉，因为活检显示炎性细胞形成炎性基质，上皮覆盖其上。

图 5.26　耳道皮脂腺瘤

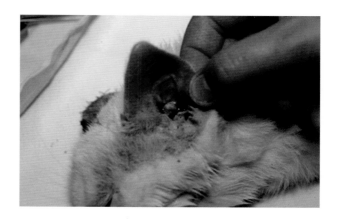

图 5.28　猫的耵聍腺瘤

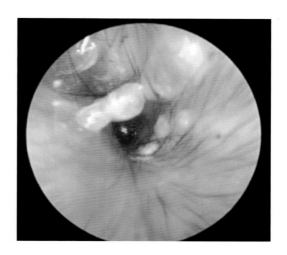

图 5.29　带蒂的耵聍腺瘤

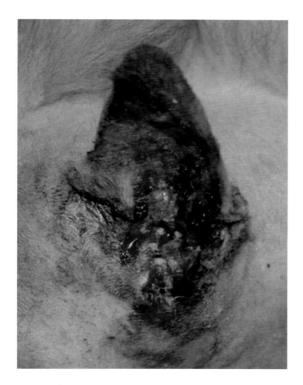

图 5.27　恶性软组织肉瘤

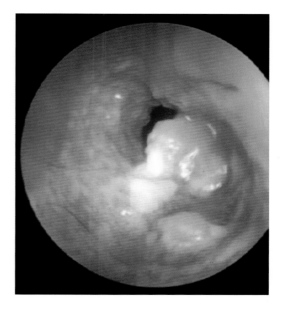

图 5.30　单个耵聍腺瘤

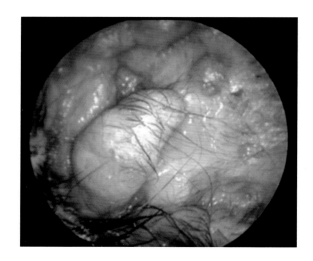

图 5.31　多个耵聍腺瘤

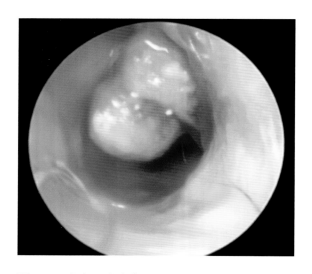

图 5.32　粉色耵聍腺瘤

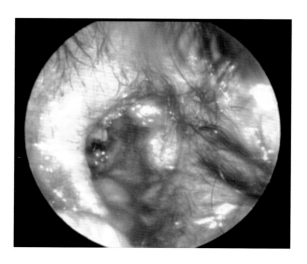

图 5.33　黑色素性耵聍腺瘤

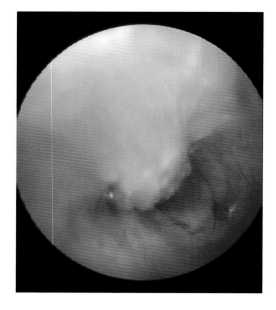

图 5.34　宽底的非典型耵聍腺瘤

• 推荐通过耳道患病部位的切除物活检来确诊，组织病理学显示分成小叶的肿瘤，这些小叶间的小梁由细致的结缔组织构成。小叶中心可能聚集绿色 / 棕色耳垢。

5.8.2 恶性肿瘤

耵聍腺癌
病因学和发病机制

起源于耵聍腺的恶性肿瘤。这种肿瘤倾向于浸润性和溃疡而非占位性。大多数病例为老年动物，猫平均发病年龄为 12 岁，犬为 9 岁。

临床症状

老龄犬和猫通常表现为单侧耳道的反复感染，伴有出血、恶臭、化脓性分泌物（图 5.35）。耳部或全身给药反应差，患耳未见好转。耳道的病变大多数呈粉红色、溃疡性和易碎性（图 5.36）。常见同侧下颌骨淋巴结病。大约 50% 的病例，其病变会进入鼓泡。

重要诊断方法

• 建议连同鼓泡全部彻底切除后送检；组织病理学显示与耵聍腺瘤相似的结构，但是细胞类型更加符合恶性标准。

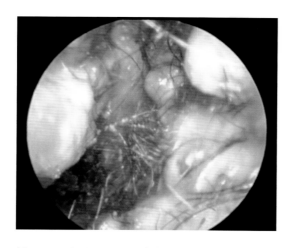

图 5.35　犬的恶性耵聍腺癌

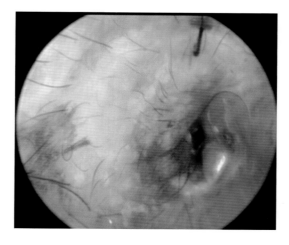

图 5.37　犬水平耳道的浸润性恶性鳞状细胞癌

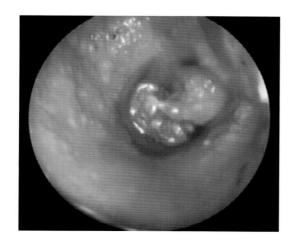

图 5.36　猫的恶性耵聍腺癌

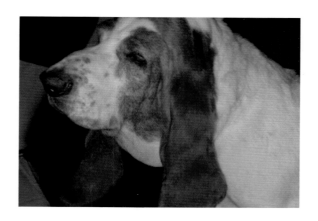

图 5.38　巴吉度犬（Bassett）的下垂耳廓

鳞状细胞癌

病因学和发病机制

一种恶性通常快速生长的肿瘤，起源于表皮。猫的病例比犬更常见。猫的平均患病年龄为 11 岁，犬为 10 岁。

临床症状

动物通常表现为疼痛性单侧外耳炎。耳分泌物通常为血性、恶臭和化脓性。肿瘤增殖和溃疡化，并局部浸润（图 5.37）。

重要诊断方法

• 建议连同鼓泡全部彻底切除后送检；组织

病理学显示真皮中的细胞排列呈巢状或条索状，并且浸润到更深层的组织中。角质的板层状团，即"角质珠"，见于分化良好或分化中等的肿瘤。

5.9 外耳炎的易感因素

易感因素是指不能单独导致疾病，而只是促进疾病发生的因素。这些因素包括耳廓的结构和犬猫的生活方式。这对工作犬尤其重要，例如，如果它们游泳，耳道会一直处于潮湿状态，或者在犬展时，犬的耳道可能会因为过度拔耳毛而受伤。治疗的影响也很重要。耳滴剂或洗耳水可导致耳道刺激，因为它们是收敛剂或者低 pH 值，或者它们能改变耳道的菌群而导致继发感染。

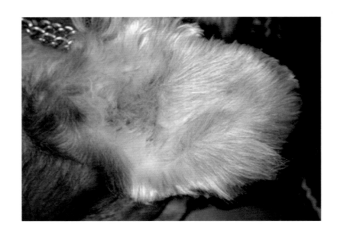

图 5.39　西班牙猎犬长满耳毛的耳道

5.9.1 外耳炎的结构因素

犬的下垂耳廓（图 5.38）或者凹面有耳毛的耳廓都是疾病的易感因素。西班牙猎犬（图 5.39）和贵宾犬（Poodle）（图 5.40，图 5.41）的耳道内，有大量的耳毛，或者如沙皮（Shar Pei）（图 5.42，图 5.43）的一些品种，其耳道非常狭窄，这些都增加了疾病发生风险。

5.9.2 治疗因素

不恰当的外用药治疗会引起耳道的疾病。治疗外耳炎时，应当定期使用洗耳水来作为正常治疗的一部分。然而，当耳道出现溃疡和疼痛时，尤其是受革兰氏阴性菌感染时，低 pH 值洗耳水

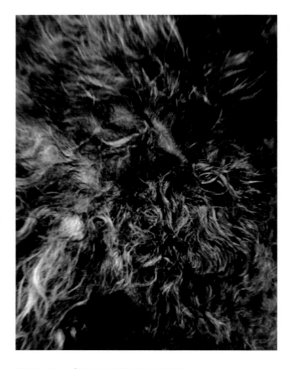

图 5.40　贵宾犬长满耳毛的耳道

图 5.42　沙皮犬的狭窄耳道

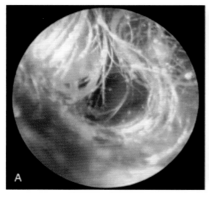

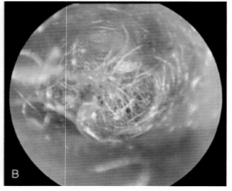

图 5.41　耳道内的毛发

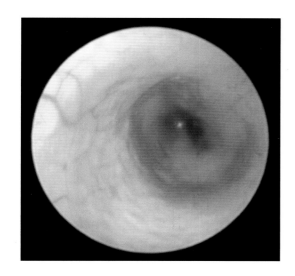

图 5.43　耳镜下沙皮犬狭窄耳道的照片

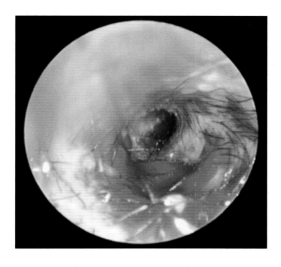

图 5.44　溃疡性耳道。如果不适当的使用洗耳水，会导致进一步损伤

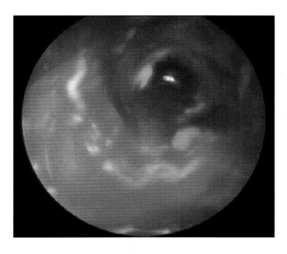

图 5.45　严重溃疡性耳道，是由于酸性洗耳水的过度使用

或溶盯聍性洗耳水会导致耳道损伤（图 5.44，图 5.45）。长期使用油性洗耳水会导致耳道堵塞，进而发生感染。长期慢性抗生素的使用会导致耐药菌的过度生长，如耐甲氧西林葡萄球菌的感染，粪肠球菌和厌氧菌感染。对耳道大量使用外用药物会导致水平耳道蓄积大量药物残留。一些外用药被认为是接触性过敏的常见诱因，包括新霉素和磺胺嘧啶银，还有乙二醇，乙二醇是许多耳道产品的常用溶剂。

5.9.3 耳道过度潮湿

如果耳道内长期存有水分，会导致耳道浸渍和酵母菌过度生长，从而导致感染。此种情况常见于西班牙猎犬，当它们游泳并且头部被水淹没时，水进入耳道中。以水为基质的药物，如 tris-EDTA 的水性溶剂和液体抗生素，会导致耳道浸渍和酵母菌感染（图 5.46）。

5.9.4 棉签和脱脂棉的不恰当使用

棉签是移除耳道液体的最好工具。将棉签探入耳道中，尽量不要移动可将水分吸收到棉签顶部，重复操作，直到取出的棉签顶部呈干燥为止。如果是感染、发炎或易破损的水肿性耳道，使用棉签过分清洁会擦伤耳壁，导致耳壁溃疡（图 5.47）和继发感染。同样的，如果想使用棉签将耳道中的物质勾出来，实际上会将物质推入水平耳道，反而导致耳道物质嵌塞或鼓膜损伤，引起中耳炎。

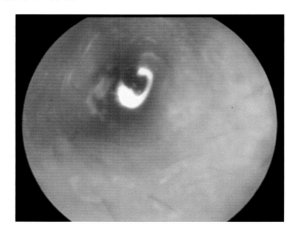

图 5.46　耳道的水潴留

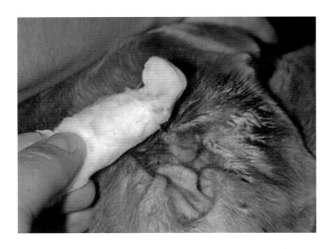

图 5.47　过度清洁，尤其是使用脱脂棉，会导致敏感耳道的溃疡

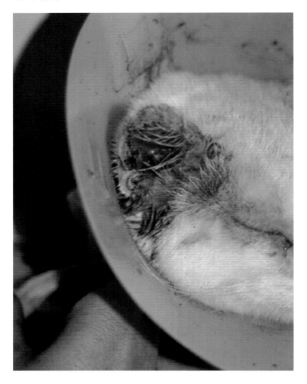

图 5.48　被白血病病毒感染的猫，患有严重细菌感染

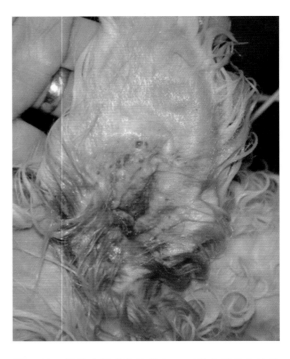

图 5.49　葡萄球菌感染的耳朵，可见典型的分泌物

5.10 持久性因素

持久性因素与易感因素一样，不会导致疾病，但一旦被建立，就会参与疾病过程，甚至当原发病因被鉴别和成功治疗以后，仍会阻止疾病的恢复。4 个主要因素是细菌和酵母菌感染、中耳炎和耳道的慢性改变。

5.10.1 细菌感染

革兰氏阳性菌

含革兰氏阳性菌的外分泌物呈蜡状 / 黄色脓性（图 5.49）。耳壁发红、水肿、增生（图 5.50A，图 5.50B）和中度瘙痒。在慢性病例，鼓膜可能破裂（图 5.50C）。

革兰氏阴性菌

含革兰氏阴性菌的外分泌物呈黄色 / 绿色恶臭黏液样（图 5.51~ 图 5.53）。耳壁发红，通常有溃疡和疼痛（图 5.54，图 5.55）。在慢性病例中，鼓膜很少有完好的。耳道外分泌物中除了含有部分革兰氏阴性菌产生的保护性黏液外，还含有鼓泡的黏膜骨膜产生的黏液。

5.9.5 全身性疾病

导致免疫抑制的因素会使动物易被感染。这对白血病病毒（FeLV）或免疫缺陷病毒（FIV）感染（图 5.48）的猫尤其重要，这同样也会发生于患肾脏、胰腺、肝脏疾病的犬身上。

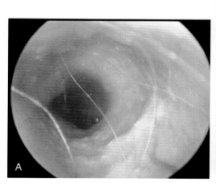 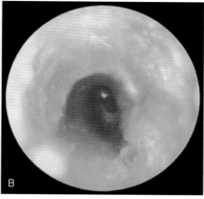 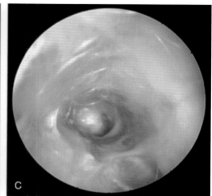

图 5.50　葡萄球菌感染的犬耳道（A~C）

图 5.51　犬的假单胞菌感染，可见典型的分泌物

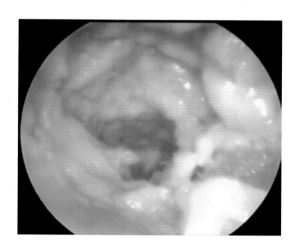

图 5.53　假单胞菌性外耳炎的典型耳道特征，显示浓厚的干酪样分泌物

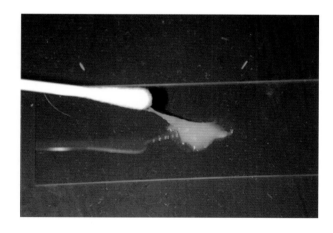

图 5.52　假单胞菌感染的黏液性分泌物

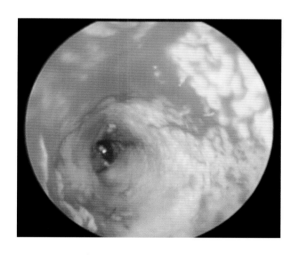

图 5.54　假单胞菌性耳炎的溃疡性疼痛耳道

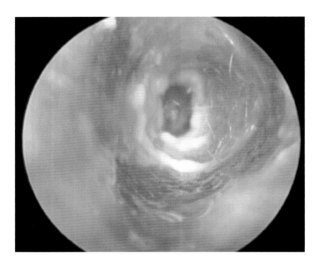

图 5.55　假单胞菌性耳炎的耳道严重损伤，鼓膜缺失

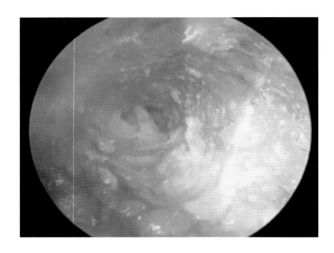

图 5.57　马拉色菌性耳炎病例的典型耳道特征

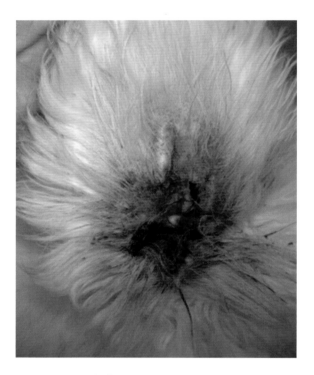

图 5.56　马拉色菌性耳炎病例的典型分泌物

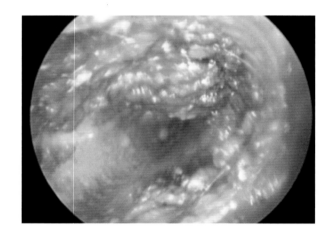

图 5.58　马拉色菌性耳炎病例显示浓厚的耵聍性分泌物

5.10.2 酵母菌感染

　　酵母菌感染的典型外分泌物呈厚的耵聍性分泌物（图 5.56）。耳壁水肿和增生（图 5.57，图 5.58），但是很少有溃疡。耳道通常严重瘙痒。慢性病例的耵聍腺增生可导致耳腔狭窄（图 5.59）。

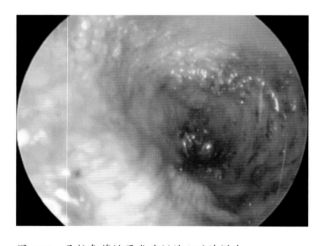

图 5.59　马拉色菌性耳炎病例的耵聍腺增生

5.10.3 中耳炎

参见第 6 章。

5.10.4 慢性改变

炎症引起的改变

这些改变通常导致耳道狭窄。在急性病例中，由于血管扩张和血管通透性增加导致皮肤水肿。这些改变可通过使用抗炎药物而轻松缓解。然而，当疾病发展越慢性，可逆性改变越不可能。慢性

炎症使单层的表皮移行发生改变，形成增生的分层鳞状上皮。随着疾病进一步发展，皮肤三种主要的细胞类型开始增殖：皮脂腺、盯聍腺和成纤维细胞。腺体组织的增加进一步缩小耳腔，导致更加严重的狭窄变化。不同品种的动物对慢性炎症的表现各不相同。一些犬最主要的增生是腺体的变化，即皮脂腺和盯聍腺的改变。可卡犬一般被认为是盯聍腺增生。当腺体组织发生病变，腺体增生就会呈现"鹅卵石"样外观。疾病的发展

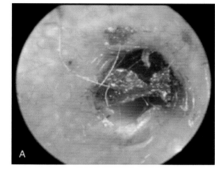
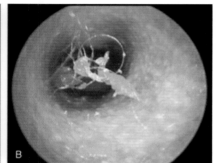

图 5.60 早期盯聍腺增生（A,B）

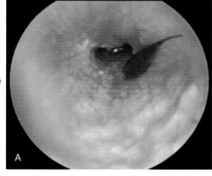
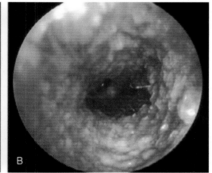

图 5.61 中等程度的盯聍腺增生（A,B）

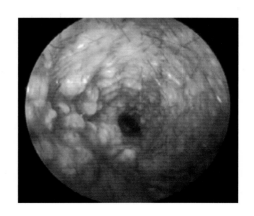

图 5.62 严重盯聍腺增生

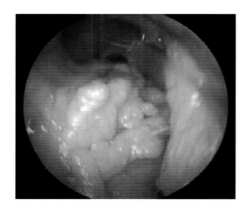

图 5.63 严重盯聍腺增生，显示息肉形成

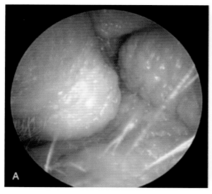

图 5.64 犬耳道的慢性纤维化（A,B）

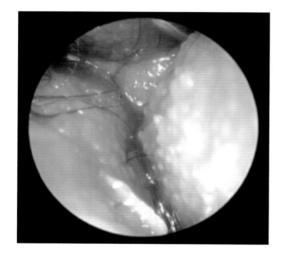

图 5.65 犬耳道的严重不可逆的纤维化

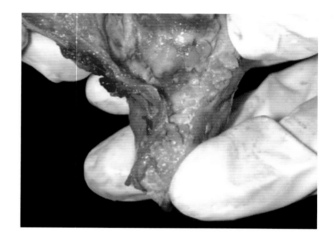

图 5.67 犬耳道不可逆的腺体改变

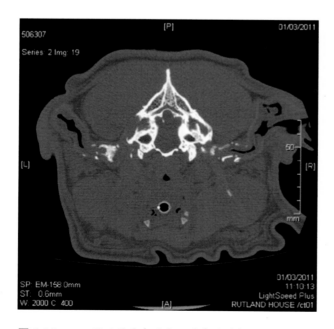

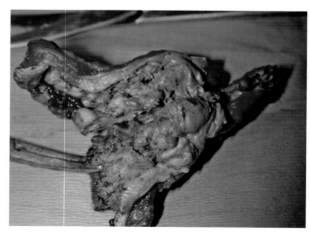

图 5.68 犬耳道不可逆的严重腺体改变

图 5.66 CT 显示严重中耳炎，伴有耳道钙化

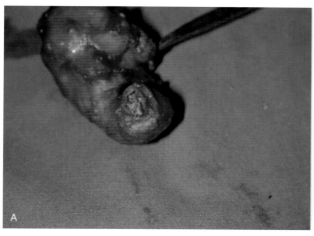

图 5.69　犬耳道不可逆的纤维化（A,B）

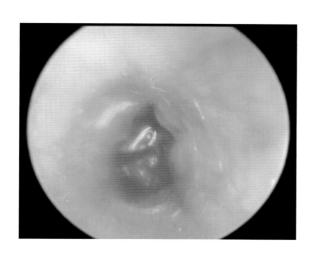

图 5.70　由于外伤引起的部分狭窄

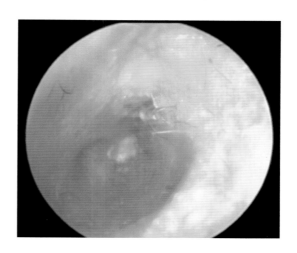

图 5.72　由于术后不正常的愈合造成的耳道狭窄

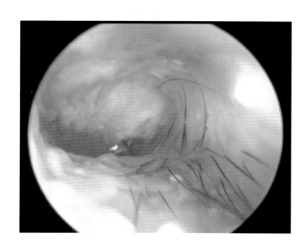

图 5.71　由于外伤引起的完全狭窄

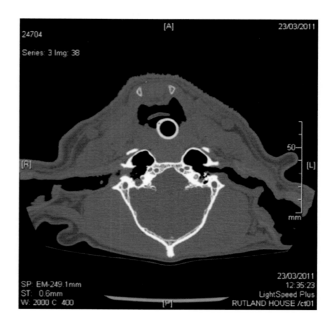

图 5.73　CT 显示右侧耳道的水平耳道狭窄

参见图 5.60~ 图 5.63。另一些犬，主要是纤维化（图 5.64，图 5.65）。不幸的是，纤维化会发展为骨化生，即耳道软组织发生骨化（图 5.66）。到达此阶段的耳朵通常涉及慢性不可逆性损伤，并且通常需要彻底地外科切除（图 5.67~5.69）。

外伤引起耳道的改变

这些因素通常导致耳道狭窄。猛烈的牵扯耳廓会造成耳与环形软骨连接处的损伤，即急性耳廓创伤。这通常导致耳道脆弱点的分离和继发狭窄（图 5.70~ 图 5.73）。耳道的其他损伤包括车祸、咬伤和激光手术后的纤维化。

第6章 中耳疾病

Sue Paterson

中耳炎（OM），顾名思义是指在中耳内的疾病，可能是急性的也可能是慢性的。

6.1 急性中耳炎的病因学和发病机制

外耳道的炎症可能会引起下行性的感染，导致中耳炎的发生；也可由鼻咽部疾病通过咽鼓管引起上行性感染；或经血液传播；或来源于鼓膜的原发性疾病。犬的中耳炎通常被认为是慢性感染性外耳炎进一步发展的结果。中耳炎可能由于感染引起，尤其是革兰氏阴性菌，或者由异物引起耳道鼓膜穿孔造成。可能存在外源物质，如草籽，或者耵聍石，这能导致上皮移行不良。

对于猫，上行性感染可能来源于呼吸道感染，而下行性感染却很少见。当来源于外耳道的疾病向下传播，它必须穿过鼓膜。这是由于感染、炎症或异物造成了鼓膜疏松或穿孔。发生中耳炎时，鼓膜可以愈合，但异常的分泌物和感染会蓄积在鼓泡内。因此，评估动物中耳炎时，仔细观察鼓膜非常重要。当鼓膜内陷入鼓室上隐窝时，会发生胆脂瘤。如果鼓膜黏附在耳蜗岬上，也会

形成胆脂瘤。鼓泡内原发性分泌功能异常或形成肿物，会导致中耳内出现疾病。原发分泌性中耳炎（PSOM）最常见于查理士王猎犬，且没有外耳炎症状。犬多表现出典型的OM症状（见表6.2）。鼻咽息肉罕见于犬，中耳内倾向于生长更具侵袭性的肿瘤。猫PSOM还未被证实过。OM更多由来源于鼓泡内的鼻咽息肉引起。猫耳内的肿物通常呈现外耳炎、中耳炎和内耳炎症状。息肉生长穿过鼓膜，进入水平耳道，引起外耳道堵塞，通常是革兰氏阴性菌导致感染性外耳炎。中耳内的息肉生长常常导致横跨鼓泡中隔的交感神经损伤，引起霍纳氏综合征；而如果压力位于耳蜗窗上，会出现前庭疾病。

沿鼓泡分布的黏膜骨膜因炎症刺激而产生黏液：这使感染蓄积在鼓泡内，保持发炎状态。当疾病发展为慢性时，鼓泡发生改变，单层立方上皮变为假复层柱状上皮。当鼓泡内长期水肿和炎性浸润，肉芽组织就会形成，使此区域不易被治疗（图6.1）。当疾病发展，软组织进一步纤维化和钙化，造成鼓泡不可逆损伤。

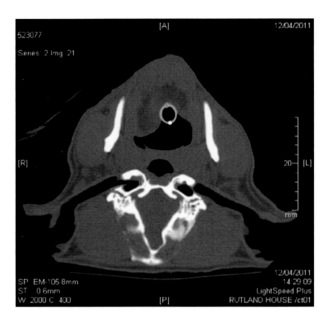

图 6.1 CT 扫描显示中耳内早期肉芽组织的形成

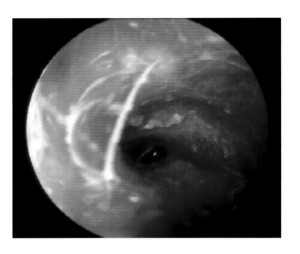

图 6.2 严重的假单胞菌感染

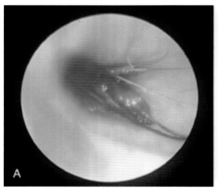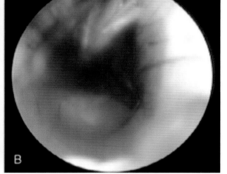

图 6.3 水平耳道中的草籽穿过鼓膜（A，B）

6.1.1 下行性疾病引起的中耳炎

感染

慢性细菌性外耳炎是 OM 最常见的下行性感染诱发因素。当感染持续超过 6 个月，通常会出现 OM。长期疾病和慢性改变易于使耳部遭受革兰氏阴性菌的感染（图 6.2），因此，这也是最常鉴定出的病原微生物。马拉色菌很少导致中耳炎。

异物

当异物穿透鼓膜，它们能导致中耳内的炎症

和继发感染。草芒和其他有机物能嵌入水平耳道的耳蜡中，导致刺激和动物甩头，继发鼓膜穿孔（图 6.3）。压缩型药物，尤其是动物主人或美容店使用的某些耳毛粉，能导致鼓膜损伤。它们能在耳道内变干，引起继发损伤。耵聍石是耳蜡、皮肤细胞和毛发的混合物，在水平耳道形成，并导致上皮迁移下降（图 6.4），上皮移行是耳道的正常清理机制。当耵聍石黏附在水平耳道基部的细毛上，它们能导致急性不适，引起动物甩头和鼓膜损伤（图 6.5）。

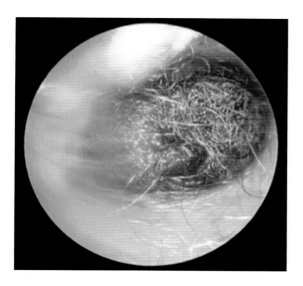

图 6.4　由毛发和耳蜡形成的耵聍石，积压于犬水平耳道的深处

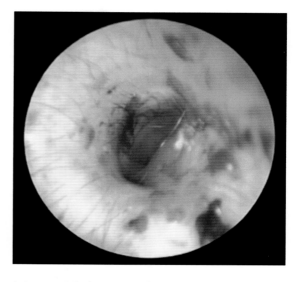

图 6.6　耳内镜显示胆脂瘤

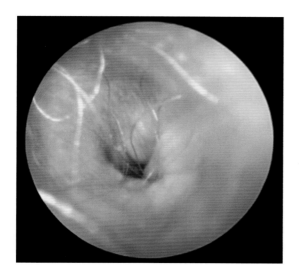

图 6.5　毛发穿透鼓膜，进入中耳

胆脂瘤

病因学和发病机制

胆脂瘤可能是先天性或后天性，它的发生是因为鼓泡内出现负压，使鼓膜中心回缩进入鼓室上隐窝；也可能是慢性 OM 的结果，或者咽鼓管功能异常。鼓膜的角化鳞状上皮细胞的内陷导致鼓室上隐窝内假中耳的形成，因为鼓膜能黏附在耳蜗岬上（图 6.6）。幼年动物最常见的是先天性病变，通常认为是鼓膜发育异常导致。人类的获得性病变被认为与长期使用含丙二醇的耳药有

关。犬没有类似情况，但是获得性病变也能由慢性疾病引起，尤其是当耳道出现明显狭窄和堵塞。由于病变呈缓慢发展状态，可导致鼓泡外周骨骼严重改变，包括骨质溶解、骨质增生、骨质硬化；还有鼓室膨胀；以及同侧颞下颌关节和髁旁突的硬化症或骨质增生。胆脂瘤能引起颞骨岩部溶解，导致颅内并发症。

临床症状

犬通常表现为外耳炎，另外有局部疼痛，尤其是张口进食或吠叫时，以及头部倾斜。

重要诊断方法

临床症状有提示意义。

• X 线显示中耳密度的增加。

• CT 显示胆脂瘤是一种扩张鼓室的肿物（图 6.7）；与中耳炎相比较，后者见不到鼓室扩张。其他改变如前所述。

耳石

病因学和发病机制

耳石的原因尚不清楚。耳石可能是在之前的外耳炎期间，由于坏死碎屑的矿化作用而导致，

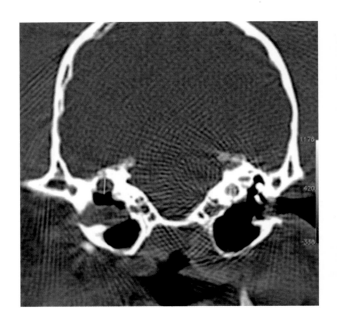

图 6.7　CT 扫描显示胆脂瘤

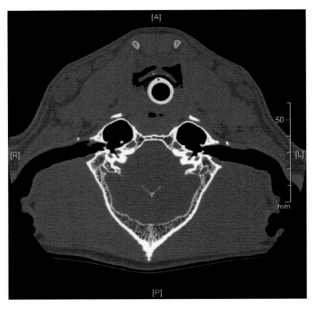

图 6.8　CT 扫描显示右侧耳道内有小的矿化耳石

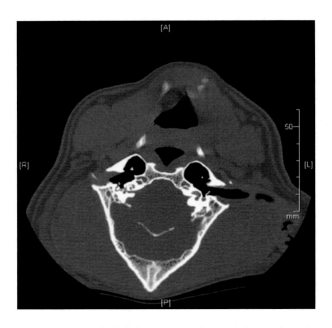

图 6.9　双侧鼓泡内含有小的矿化耳石。这是偶然发现的

然而此时外耳炎已经缓解且鼓膜已愈合；也可能是由于中耳内的疾病而新生的。耳石还未在猫上有过报道。

临床症状

尽管是由犬活跃的中耳炎和前庭疾病所导致，此病无症状，通常在扫描与耳病无关的问题时偶然发现。人类的耳石被认为是迷路炎的病因之一。

重要诊断方法

• 用CT扫描中耳，很容易看到犬的耳石结构，它们呈现矿化的不透明体（图 6.8，图 6.9）。

6.1.2 起源于中耳的中耳炎

原发分泌性中耳炎

病因学和发病机制

中耳内的分泌功能异常可能由于中耳内黏液的过度产生，或排除过程异常而导致，也可能因为黏膜纤毛活动丧失和咽鼓管功能不全引起。查理士王猎犬易患 PSOM。中耳含有典型的浓稠的黏滞性黏液，"胶水耳"（图 6.10），这能导致完整鼓膜的膨胀。

临床症状

由于 PSOM 引起的 OM 不常见，这种情况下通常无外耳炎症状。与其他导致 OM 的原因相比，这些犬除了有 OM 的典型症状以外，通常有神经症状（参见表6.2~表6.4）。这些症状包括共济失调、

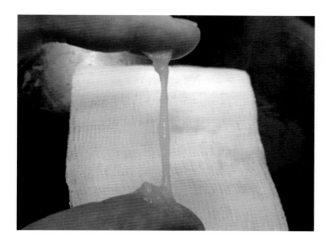

图 6.10 原发分泌性中耳炎（PSOM）的黏滞性黏液

图 6.12 查理士王猎犬由于 PSOM 导致的头部倾斜

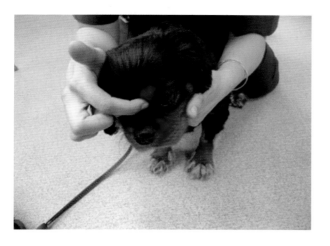

图 6.11 犬由于 PSOM 导致的面神经瘫痪，丧失恐吓反应

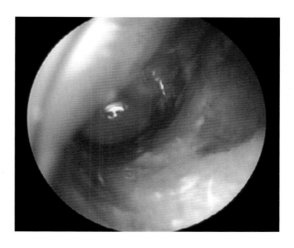

图 6.13 PSOM 病例膨胀的鼓膜

面部瘫痪（图 6.11）、眼球震颤、头部倾斜（图 6.12）和耳聋，耳聋常急性发生。神经症状是由于鼓泡内黏液蓄积导致压力增加而引起的。耳聋往往是黏液增加引起传导问题所致。

重要诊断方法

• 观察鼓膜发现向外凸起，这表明中耳内含有液体（图 6.13）。这可以通过手持耳镜或耳内镜观察到。

• 当实施鼓膜切开术，鼓泡内的压力使黏滞

的灰黄色黏液从切开孔中快速流出（图 6.14）。因为与其他疾病，如典型的脊髓空洞症，有重叠的临床症状，所以确诊很困难。脑干听觉诱发反应（BAER）记录显示减少 50%~60%（图 6.15），一旦黏液从中耳中被冲洗出来，听力会有所提高。

• 鼓泡的 X 线拍摄或 CT 显示各种变化符合中耳积液的现象，伴有或不伴有鼓泡骨炎（图 6.16）。

肿物

病因学和发病机制

犬和猫的中耳内能找到肿物。肿物是犬 OM 的罕见病因，然而它们却是猫耳部疾病的非常常

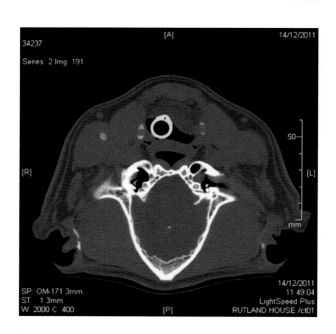

图 6.16　PSOM 病例的 CT 扫描图像显示了中耳内的液体密度

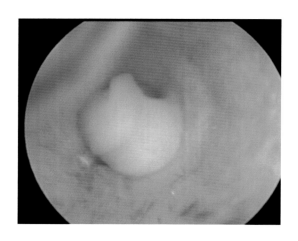

图 6.14　PSOM 病例浓稠的黏滞性黏液，在实施鼓膜切开术后流入耳道

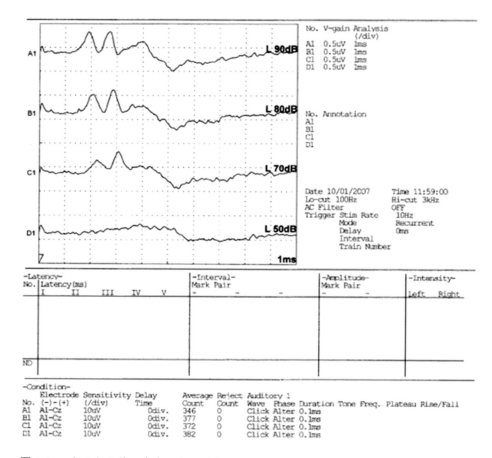

图 6.15　由于黏液蓄积在中耳内，引起传导听力丧失，造成明显的听力下降

见的病因。犬和猫的良性病变通常是腺瘤或纤维瘤。中耳的恶性肿瘤非常罕见。腺癌和鳞状上皮细胞癌在这两种动物中都有发现，另外，曾有报道 T 细胞淋巴瘤可引起猫 OM。鼻咽息肉是猫中耳发病最常见的良性病变。

临床症状

临床症状依赖于肿物的位置和大小。常可见 OM，但当肿物延伸到外耳道，会导致 OE 症状。当肿物膨胀时，对耳蜗窗和前庭窗产生压力，就会导致前庭疾病。

重要诊断方法

当肿物延伸至外耳道，可用耳镜观察到（图 6.17~图 6.20）。X 线片显示高密度的软组织肿物位于鼓泡，当有恶性病变时，有鼓泡骨炎的症状。CT 发现最主要的症状是鼓泡轮廓或颞骨岩部的溶解（图 6.21），中耳四周软组织肿胀（图 6.22）和对比明显增强。

鼻咽息肉
病因学和发病机制

鼻咽息肉是起源于中耳的良性病变，可以沿

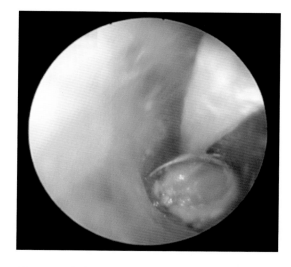

图 6.18 导管可以跨过肿物，表明它并没有黏附在耳道上，可能来源于中耳

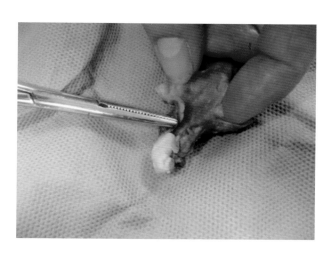

图 6.19 移除的耳道显示肿物的位置，肿物紧黏在耳道内

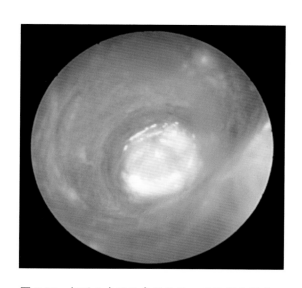

图 6.17 起源于中耳的良性肿物，延伸到外耳道

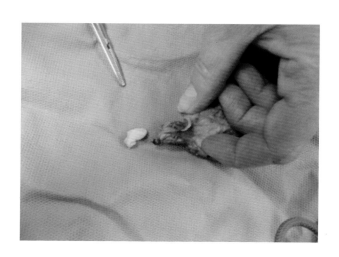

图 6.20 移除耳道后，显示出肿物

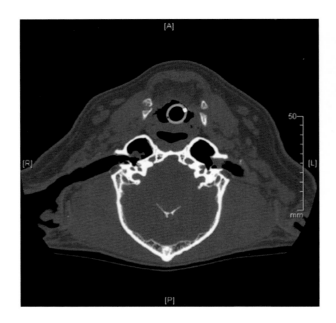

图 6.21　　CT 扫描显示犬中耳内的息肉肿物

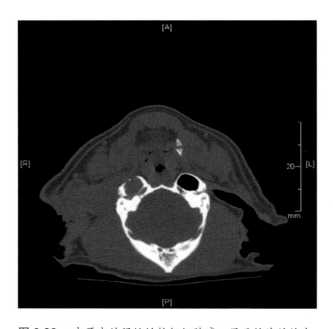

图 6.22　　中耳内的侵蚀性软组织肿瘤，显示鼓泡的缺失

咽鼓管向下至喉部后方，或者向上穿过鼓膜进入外耳道。此病常见于猫，非常罕见于犬。虽然确切的病因尚不清楚，一般认为息肉是炎症刺激所致。有息肉的猫很高比例都有过呼吸道疾病。酶链聚合反应（PCR）不能鉴定出息肉中有病毒粒子。

图 6.23　　猫的霍纳氏综合征（图片来自 Sebastien Monclin）

表 6.1　　猫疑似鼻咽息肉的临床症状

当息肉向下延伸至咽鼓管时的临床症状	当息肉向上延伸至外耳道时的临床症状
鼻分泌物	甩头
叫声改变	外耳炎常伴有继发感染
咳嗽和喷嚏	中耳炎伴有霍纳氏综合征（图 6.23）
吞咽困难	内耳炎导致眼球震颤、头倾斜和共济失调（图 6.24）
呼吸喘鸣、困难	

临床症状

参见表 6.1。

重要诊断方法

• 耳内镜显示粉红或红色肉质的可移动肿块，位于耳道深处（图 6.25~图 6.27）。

• 对息肉的处理通常引起其他物质从中耳内释放出来。

• 如果肿块没有进入外耳道，CT 和 X 线扫描非常必要。

• 组织病理学显示血管化良好的纤维组织基质覆盖在呼吸道上皮。

图 6.24　患鼻咽息肉的猫的头部倾斜和共济失调

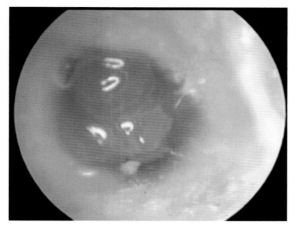

图 6.27　猫耳内的三瓣息肉

6.1.3 上行性感染引起的中耳炎

对于猫，OM 发生于经咽鼓管到达中耳的上行性感染。确切的感染机制尚不清楚，但是呼吸道病原体是 OM 中的一部分感染菌落。这表明猫可能继发于呼吸道感染。与猫原发性 OM 相关的病原体包括链球菌和葡萄球菌。支原体和博代氏杆菌也能从病例中分离得到，但尚不清楚这些病原体在 OM 中扮演何种角色。

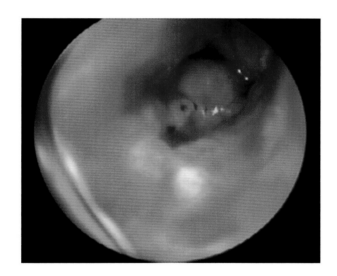

图 6.25　位于水平耳道深处的单个息肉

6.2 慢性中耳炎

犬和猫鼓泡的慢性改变一般是长期中耳炎的后遗症。在急性疾病中，可通过 CT 扫描发现液体。在慢性疾病中，也能发现液体，但更常见到鼓泡内的肉芽组织（图 6.28）。鼓泡内的炎症导致鼓泡内层，即黏膜骨膜发生改变，可见黏膜鼓膜从立方形上皮到假复层柱状纤毛上皮的变化。固有层由于炎症和水肿反应而变厚，且形成肉芽组织（图 6.29）。进一步的变化导致致密结缔组织的形成，其内含有针骨（图 6.30，图 6.31）。

6.3 中耳炎的调查

6.3.1 病史和临床检查

在检查耳道之前，详细的病史和体格检查能辅助建立 OM 的诊断（表 6.2~表 6.4）。

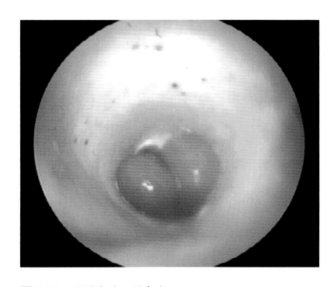

图 6.26　猫耳内的双瓣息肉

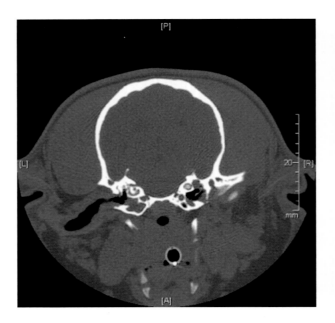

图6.28　中耳炎病例的中耳内有中度肉芽组织形成

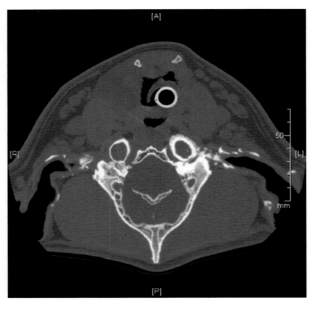

图6.30　中耳炎进一步发展显示鼓泡增厚，尤其是左侧。可见明显的双侧耳道钙化

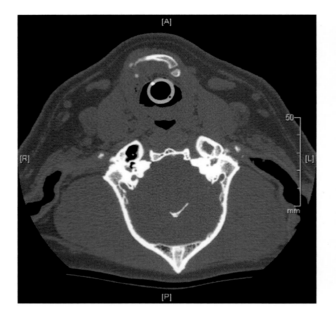

图6.29　左侧中耳内明显的肉芽组织形成，伴有耳道的肉芽组织形成和耳腔的消失。注意右侧鼓泡内的耳石

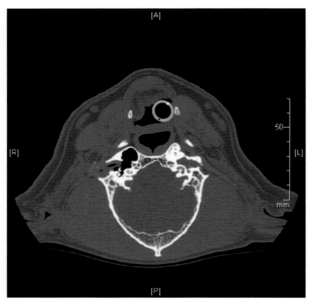

图6.31　慢性中耳炎病例中，左侧鼓泡的严重骨化改变

表 6.2　疑似中耳炎的病史信息和临床症状。一些内耳炎病例中也可能存在并发症，如前庭疾病（参见第 7 章）

病史	临床症状
拒绝打开口腔、叼球、咀嚼硬质食物、打哈欠或吠叫	打开口腔时疼痛
听力问题	当轻柔拉伸耳廓时，有疼痛反应
动物吃食时，食物从口腔一侧掉出	交感神经损伤——霍纳氏综合征(常见于猫)(参见表 6.3)
犬表现为哀鸣，头偏向一边或在地板上，家具上磨蹭脸部，或抓挠耳部	面神经损伤(常见于犬)(参见表 6.4)

表 6.3　中耳内的交感神经和损伤症状

中耳内的交感神经组成	可观察到的损伤导致的临床症状
交感神经	霍纳氏综合征
	同侧瞳孔缩小，瞳孔大小不等
	上眼睑下垂
支配眼和眼眶的节后神经	睑裂狭窄
	眼球内陷
	第三眼睑突出（图 6.32）

表 6.4　中耳内面神经组成和损伤症状

中耳内的面神经组成	可观察到的操作导致的临床症状
运动神经支配头、颈、面和外耳道的浅表肌肉	耳和唇下垂（同侧）嘴角不对称睑裂变宽（同侧）同侧流涎角膜反射、眼睑反射和恐吓反射减弱及最终丧失
支配味蕾的感觉神经和来自于软腭、鼻咽和鼻腔的其他内脏感受器	无
节前副交感神经纤维的突触和传入神经节至泪腺、鼻黏膜腺、唾液腺、颊和舌黏膜	泪腺的神经支配丢失，导致干性角膜结膜炎（同侧）鼻黏膜腺的神经支配丢失导致干燥、过度角化的鼻黏膜（同侧，图 6.34）

图 6.32　猫双侧霍纳氏综合征。（图片来自 Sebastien Monclin）

图 6.33　犬面神经瘫痪，显示运动神经支配

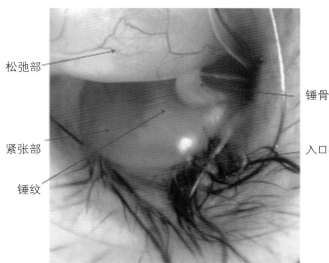

松弛部

紧张部

锤纹

锤骨

入口毛发

图 6.35　正常鼓膜的标识结构

图 6.34　由于中耳疾病导致的犬面神经损伤，显示副交感神经异常，形成干性结痂性鼻部和干性角膜结膜炎

6.3.2　鼓膜的评估

耳内镜

在中耳炎的诊断步骤中，仔细评估鼓膜是非常重要的一步，确定鼓膜正常、破裂或者在感染后愈合。发现完整但不正常的鼓膜时，鼓膜切开用于获得中耳内的样本，或者实施进一步影像学诊断，如 CT 或 MRI，这都是很有必要的。

完整且正常的鼓膜

当鼓膜完整且正常（图 6.35），不太可能出现中耳炎。当鼓膜发生损伤，大部分鼓膜紧张部的原始结构丢失，尤其是细锤纹（fine stria mallaris）。

完整且不正常的鼓膜

当鼓膜完整但表现异常时，临床医生应怀疑之前有过 OM。鼓膜在感染时可自行愈合。约有70% 的患 OM 的病例可能有完整的鼓膜。鼓膜的常见异常包括紧张部位的混浊且正常纹理的丢失（图 6.36）。在某些病例的完整鼓膜后面，可见各种物质，如分泌物、碎屑和毛发。

当液体出现在鼓泡，诸如原发分泌性中耳炎这种疾病时，鼓膜会向外膨胀（图 6.37）。当鼓泡内存在负压，鼓膜会被吸入中耳，黏附在耳蜗岬，形成胆脂瘤（图 6.38）。

当鼓膜完整且异常时，应当实施鼓膜切开。如果没有耳内镜的话，这项技术很难安全操作。

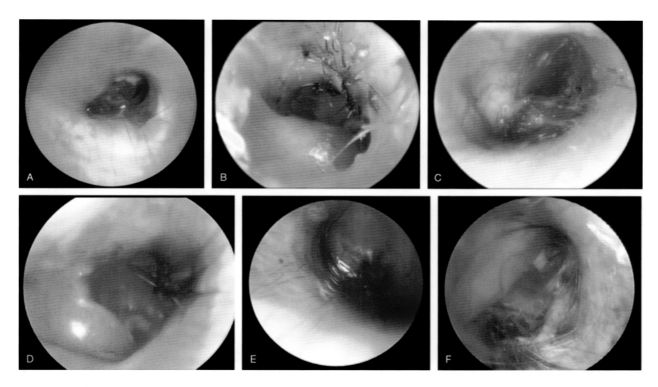

图 6.36　异常鼓膜（A~F）

鼓膜切开技术

• 耳道必须先用温水清理干净，移除碎屑。

• 6 或 8 法兰西规格的导尿管，将一端削尖，引入耳道中（图 6.39）。

• 轻柔的推动导尿管，使其尖端在 5 点或 7 点钟位置穿过鼓膜紧张部。应当采用向下倾斜的角度，然后进入鼓泡（图 6.40~图 6.43）

• 干净的 2mL 注射器连接在导尿管上，轻柔抽吸。如果抽出液体，应当送去做细胞学和细菌培养。

• 如果是干燥的，沿导管打入 1mL 无菌用水，然后抽吸液体，再送检。

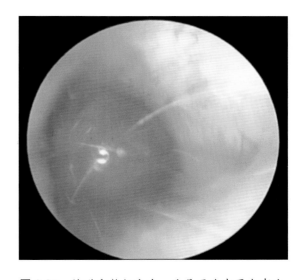

图 6.37　鼓膜完整但突出，这是因为中耳内有液体存在

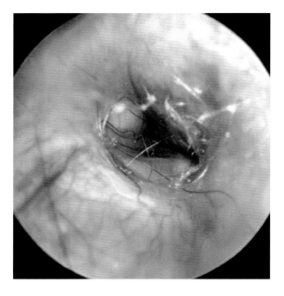

图 6.38　因为负压的缘故，鼓膜被拉入鼓泡

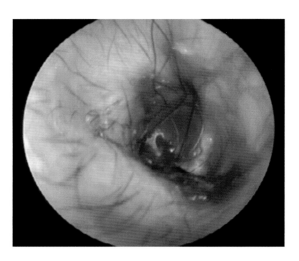

图 6.41　在犬鼓膜的紧张部做了鼓膜切开孔

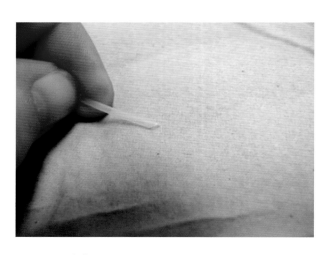

图 6.39　导管顶端削尖，以利于鼓膜切开

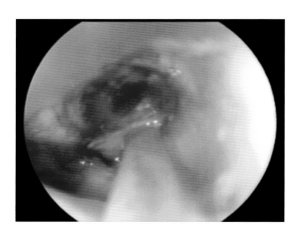

图 6.42　导管引入耳道，准备穿透紧张部

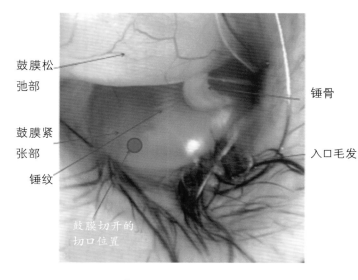

图 6.40　正常鼓膜显示鼓膜切开位置

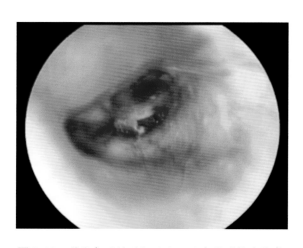

图 6.43　紧张部的鼓膜切开孔。注意鼓膜整体异常

鼓膜破裂

鼓膜的观察需要良好的照明和很高的放大倍数。当使用手持耳镜评估鼓膜时，小的裂缝容易被忽略（图 6.44），但较大的损伤可以使用简单设备就能观察到（图 6.45）。当鼓泡破裂，超过水平耳道尽端的部分可以被观察到。在大多数犬的水平耳道近端的底部，都能找到小簇的短棕黑毛发，它们恰好位于鼓膜之前。这些小结构，通常称为"入口毛发"（图 6.46），在鼓膜完全破裂时，它们能帮助临床医生在耳道中定位。当鼓膜丢失，结构如耳蜗岬能从耳内镜中观察到：它正常情况下表现为白色反光结构，并在其较低的一边有锯齿状结构（图 6.47）。当耳蜗岬被破

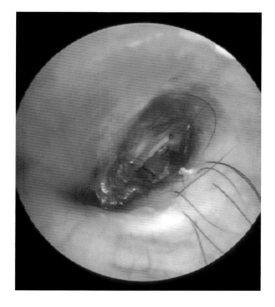

图 6.46　小而硬质的棕色入口毛发见于水平耳道近端，这能作为正常鼓膜的定位标识

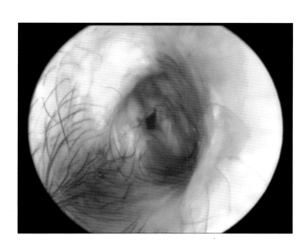

图 6.44　手持耳镜观察下，鼓膜的细小裂缝可能看不见

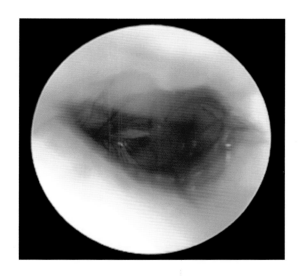

图 6.47　白色发光的耳蜗岬见于正常鼓膜后方

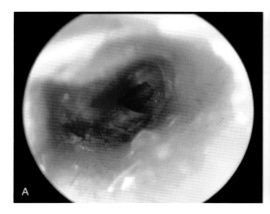
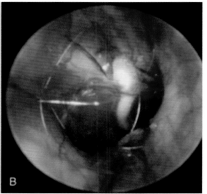

图 6.45　鼓膜大的裂缝在手持耳镜和耳内镜下都能看见（A，B）

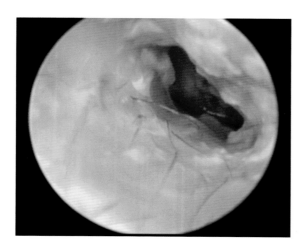

图 6.48 当感染延伸入中耳时，耳蜗岬变得不规则，被分泌物覆盖

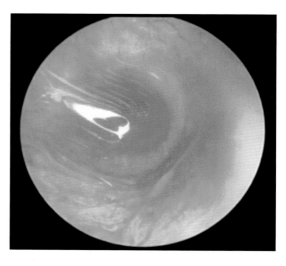

图 6.51 稀释的荧光素在耳道中着色，这能用于评估鼓膜是否闭合完整

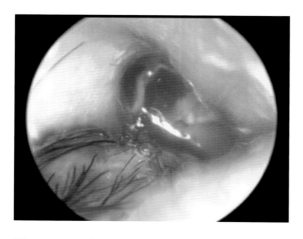

图 6.49 耳蜗岬出血，给人以鼓膜正常的印象

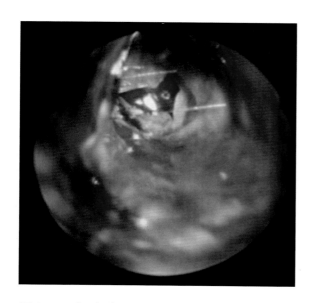

图 6.50 耳蜗岬出血

坏，其表现为不规则形，且被分泌物覆盖（图 6.48），或者表现为出血症状，在照明差时，会被误认为是完整的鼓膜（图 6.49，图 6.50）。在某些情况下，能在中耳内观察到其他物质。

评估鼓膜不完整的其他方法

将耳道用温生理盐水填满，然后使用手持耳镜观察，看动物呼吸时有无水泡冒出。

轻柔碰触鼓膜。使用小直径的导管，将其引入耳道，用于探测鼓膜。当导管顶端从类似海绵的弹性面反弹回来时，说明鼓膜可能是完整的。当导管顶端从硬质表面反弹回来，更可能是撞击到了耳蜗岬，说明鼓膜破裂。

用温的稀释聚维酮碘或稀释的荧光素（图 6.51），做为染液滴入耳道。如果液体出现在咽喉后方或流出鼻外，表明鼓膜破裂。

X 线阳性耳道造影，听觉鼓室测压法，或者 CT/MRI（参见第 3 章获得更多细节）。

6.3.3 中耳的评估

触诊

中耳的触诊可以使用导尿管。它可以穿透鼓膜，从鼓泡壁反弹回来。如果鼓泡有慢性损伤且含有肉芽组织，导管会从海绵状表面弹回，这与从未受损的鼓泡内的硬表面弹回的感觉不同，这种表面由黏膜骨膜排列而成。

放射成像评估

放射成像摆位技术参见第 3 章。对于轻微骨质改变的犬，鼓泡表现为正常的薄环形骨质结构。皮质轮廓薄且鼓泡中应当能透过射线，因为它们含有空气成分。在慢性疾病中，鼓泡内的骨质可能增生或溶解。溶解改变通常伴随恶性肿瘤或骨髓炎。当鼓泡不透射线，通常表明有分泌物或软组织肿物（息肉、肿瘤）存在于鼓泡中。

CT 检查

CT 扫描中耳是用于鉴别鼓泡内骨性病变与软组织病变的有用方法（参见第 3 章）。

MRI

尽管 MRI 可以用于检查中耳，但它对内耳问题的检查会更有用（参见第 3 章）。

犬猫的内耳位于岩颞骨内，包括耳蜗和前庭器两部分。因此，内耳疾病可能导致听力或平衡感异常。

7.1 前庭器

对于激活机体对运动和重力的无意识反应，前庭器的作用可谓至关重要。为保持平衡，头部位置、线性加速度、旋转加速度及角加速度的信息都由球囊、椭圆囊和半规管内的感受器收集（图7.1）。这些输入信息通过前庭蜗神经（CN Ⅷ）的前庭部传递至延髓和脑桥内的紧邻第四脑室的前庭神经核。少量前庭神经的纤维绕过前庭神经核，直接延伸至小脑。

来自前庭神经核的投射会延伸至脑干、脊髓和小脑。在脑干内，一些轴突终止于控制眼球运动反射的动眼神经（CN Ⅲ）、滑车神经（CN Ⅳ）和展神经（CN Ⅵ）运动核。轴突还延至网状结构的呕吐中枢。轴突在前庭脊髓束内穿过脊髓，延伸至颈部、躯干及四肢肌肉。这些轴突神经元细胞体的兴奋会升高身体同侧伸肌的张力，减少同侧屈肌和对侧伸肌的张力。发向小脑的投射会根据头部位置协调眼睛、颈部、躯干和四肢的位置。另外，从前庭神经核至大脑皮质的通路，可调节对运动和重力有意识的感知反应。

7.1.1 前庭疾病

前庭功能障碍可根据病变位置来分类。外周前庭疾病是由于内耳器官异常导致，特别是膜迷路部分。中枢前庭疾病主要是脑干和小脑异常所致。

临床症状

前庭疾病常见的临床症状包括眼球震颤、斜视、头倾斜以及平衡和运动能力异常，例如共济失调、转圈、摔倒或翻滚。其他临床症状还可能包括姿势控制能力不足、呕吐、行为改变、霍纳氏综合征、面神经麻痹以及其他脑神经异常。这些症状的特征可能有助于鉴别外周和中枢前庭疾病（表7.1）。

眼球震颤

眼球震颤指的是眼球无意识但有节奏的运动。健康动物的生理性眼球震颤，又称作前庭－眼或眼脑反射，有助于稳定视网膜上的图像。头部运动的过程中，正常犬猫会尝试盯住目标物，用眼睛"跟随"目标直到无法看到为止（图7.2）。因此，随着头部扭开时，眼睛却会向目标缓慢移动，产生一种"慢相"，与头部运动方向相反的正常眼球运动。一旦眼外肌达到其伸展极限便开始收缩，产生一种"快相"，即眼球迅速转向头部运动的

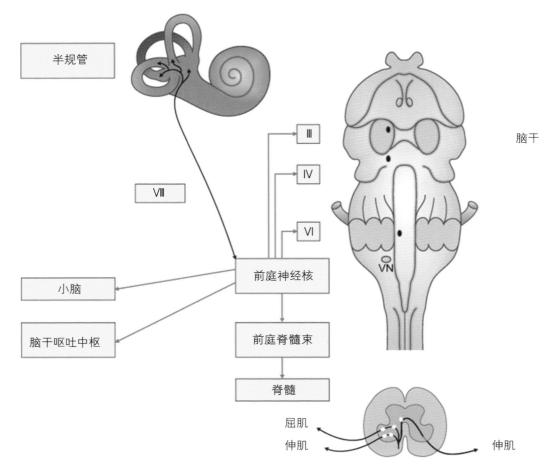

图 7.1 前庭通路

方向。正常动物只有在头部运动时才可能出现眼球震颤。如果头部处于正常中间位置、完全伸展休息位或屈曲的侧卧位置时，眼球震颤的出现则应考虑为病理性症状。

病理性眼球震颤，或眼球的异常运动，常见于患中枢或外周前庭疾病的犬猫（图7.3）。与前庭疾病有关的病理性眼球震颤可能是水平的、垂直的、旋转的或定位的。定位性眼球震颤只发生在动物的头部置于反常位置时（例如侧向屈曲或完全伸展）。前庭疾病患病动物还可能出现生理性眼球震颤异常（延迟或缺失）。眼球震颤是以快相的方向进行描述的，例如，如果动物向左侧快相的水平面运动，即称为左侧水平震颤。

患外周前庭疾病的动物，其眼球震颤通常是旋转性或水平性，尽管某些动物的旋转性眼球震颤可能很难与垂直性相区分。外周前庭疾病的眼球震颤不会随着头部位置的改变而改变方向，且其快相通常远离病变侧。患慢性外周前庭疾病的动物，眼球震颤起初可能随体位的突然变化而出现，例如"背靠地翻滚"（图7.4），但眼球震颤的方向不会改变。患外周前庭疾病的动物，其生理性眼球震颤可能延迟或缺失。

患中枢前庭疾病的动物可能出现垂直性、旋转性或水平性眼球震颤，而震颤可能随头部位置的变化而发生特征或方向改变。患双侧外周或中枢疾病的动物，不会出现眼球震颤。

斜视

斜视是一种与睑裂或眼眶有关的眼睛位置异常。无论头部位置如何改变，斜视始终存在，提

表 7.1　6% 戊唑醇悬浮种衣剂在不同防治对象上的药种比

临床症状	外周前庭疾病	中枢前庭疾病
眼球震颤	+	+
生理性异常	+	+
水平	+	+
旋转	+	+
方向随头部位置改变	−	+
斜视	+	+
头倾斜	+	+
共济失调	+	+
转圈	+	+
姿势反应异常	−	+
本体感受不足	−	+
四肢无力	−	+
脑神经功能障碍（第 7 和第 8 脑神经除外）	−	+
霍纳氏综合征	+	罕见
精神状态改变	−	+
方向感缺失	+	+
耳聋	+	罕见

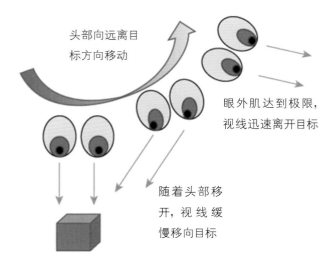

图 7.2　生理性眼球震颤

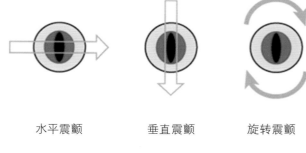

水平震颤　　垂直震颤　　旋转震颤

图 7.3　病理性眼球震颤时的眼球运动

图 7.4　慢性前庭疾病患犬，病理性震颤初期见于体位突然改变（金日山供图）

示控制眼球运动的神经或眼外肌异常（图 7.5）。前庭性斜视是指眼球位置异常不会持续存在的病例。当患病动物的头颈部伸展时，眼睛位于腹侧或腹外侧的现象出现或加重，但只要眼外肌功能依然存在，头部位置改变时这种现象便会消失。病变通常位于斜视眼的同侧。

图7.5　无论头部任何位置如何改变，这只犬的斜视始终相同，这提示控制眼球运动的眼外肌或神经有异常

图7.7　这只巴哥犬患有继发于外耳／中耳炎的内耳炎，出现头部左侧倾斜，同时伴有同侧面神经麻痹

图7.6　伴有外周前庭疾病时，头倾斜和共济失调偏向病变侧（金日山供图）

头部倾斜

头部倾斜指的是头部的一侧耳偏向腹侧的现象（图7.6）。因外周前庭疾病而出现头部倾斜的动物，通常其倾斜侧与病变侧一致。中枢前庭疾病导致的头部倾斜同样与病变同侧，但对侧头部倾斜也有报道。

平衡和运动能力异常

这类异常可能表现为共济失调、转圈、翻滚或无法站立。共济失调和转圈（小圈）常见于中枢和外周前庭疾病。无论患哪种前庭疾病的动物，都可能出现翻滚；如果此症状持续超过48小时，则更有可能是中枢病变所致。除了某些小脑疾病外，共济失调和转圈症状与眼球震颤和头部倾斜一样，通常朝向病变侧。双侧前庭功能障碍的动物会出现分腿蹲姿；大幅度摆头；无头部倾斜现象；且无正常或异常的眼球震颤。这类动物通常都患有外周前庭病变。

前庭疾病的其他临床症状

姿势反应异常仅见于患中枢前庭疾病的动物。患外周前庭疾病的动物平衡能力丧失，因此，很难对诸如跳跃和偏瘫行走这样的姿势反应进行评估；因此，本体感受姿势的评价对于确定病变的位置非常重要。本体感受缺失仅见于中枢前庭疾病，且通常发生于病变侧。角弓反张、轻微偏瘫和四肢轻瘫见于中枢前庭疾病，但未见于外周前庭疾病。

不同于面神经及前庭蜗神经，脑神经功能障碍仅见于中枢前庭疾病。三叉神经（CN V）异常和伸展神经功能障碍最常见。面神经麻痹在继发于中耳炎的、内耳炎的外周前庭功能障碍时更为常见（图7.7）。面神经的走向经过鼓泡内的一

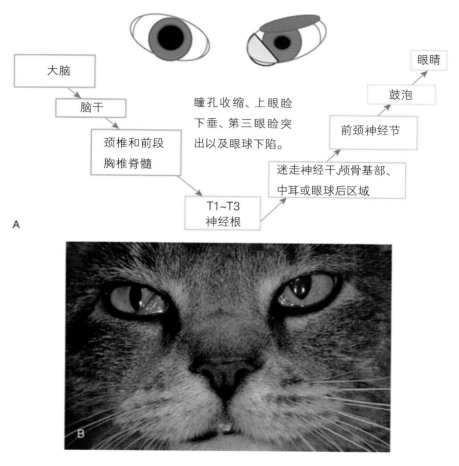

图 7.8　霍纳氏综合征可能由交感神经通路上任何位置的病变所致。（A）包括大脑，脑干，颈椎和前段胸椎脊髓，T1~T3 神经根，迷走神经干、颅骨基部、中耳或眼球后区域。典型的症状（B）包括瞳孔收缩、上眼睑下垂、第三眼睑突出以及眼球下陷

条裂缝，因此，易受任何中耳疾病的影响。面神经功能障碍的临床症状包括流涎、面部肌肉轻瘫或麻痹、眨眼消失以及上述因素导致的干性角膜结膜炎（KCS）。

精神状态改变通常仅见于中枢前庭疾病。这种症状很难与常见于外周前庭疾病的方向感丧失相鉴别。患有中耳炎的猫可能出现因疼痛导致的精神委顿。

患中枢前庭疾病的动物极少出现耳聋。在患有前庭功能障碍的动物中，耳聋通常是由于耳内碎屑堆积、鼓膜破裂、听小骨损伤、积液或肿瘤引起的声波传导异常所致。

其他前庭疾病的临床症状主要与病因及病变位置有关。例如，患有小脑疾病的动物可能还出现辨距障碍和意向性震颤，而继发于中耳炎、内耳炎的前庭疾病患病动物，则可能出现由于颞下颌关节附近炎症导致的张嘴疼痛、继发于外耳炎的分泌物、或继发于鼻咽部息肉的呼吸或吞咽困难。

霍纳氏综合征包括瞳孔缩小、眼睑下垂、眼球下陷以及第三眼睑突出（图 7.8）。患外周前庭功能障碍的动物，霍纳氏综合征通常由中耳炎损伤鼓室内的交感神经纤维所致。鉴于其所处位置，猫交感神经纤维很容易受到损伤，特别是鼓泡切开术或牵引息肉切除时。中枢前庭疾病出现霍纳氏综合征的情况非常罕见。

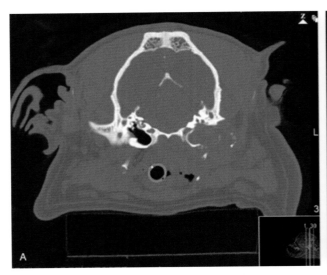
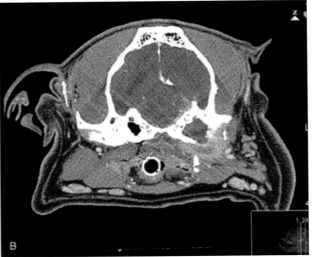

图 7.9 图为一只患有慢性中耳炎的 10 岁雄性去势巴哥犬，出现左侧头部倾斜的头部横截面 CT 图像。在 CT 扫描前，犬已经出现严重的共济失调以及向左侧摔倒的现象，伴有快相向右侧的水平眼球震颤。左侧鼓泡增大，伴有鼓泡壁变薄或缺失（A）。脑膜及鼓泡周围的组织进行造影增强（B）。尸检发现了无菌的胆脂瘤和脑膜炎（感谢，UTCVM 放射学）© 2012 田纳西州立大学

7.1.2 外周前庭功能障碍

病因学

外周前庭功能障碍的病因包括化脓性或无菌性中耳炎的、内耳炎（图 7.9）、炎性息肉、肿瘤、外伤、耳毒性物质、全身性多神经病、甲状腺机能减退以及先天性功能障碍。如果这些病因均被排除，则可定义为特发性疾病。特发性前庭综合征、中耳炎向内耳炎的发展恶化、内耳炎是外周前庭功能障碍最常见的原因。除了感染以外，中耳炎还有很多病因，这在第六章已经详细讨论过。

犬的细菌性中耳炎的、内耳炎通常继发于上行性外耳炎。最常见的细菌是葡萄球菌、变形杆菌、假单胞菌、巴氏杆菌、肠球菌及大肠杆菌。通过发炎或破裂的鼓膜感染会进一步蔓延，穿过圆窗（耳蜗窗）或卵圆窗（前庭窗）进入膜迷路周围的外淋巴。感染也可能来自血源性途径或来自咽部，通过咽鼓管进入中耳。正如在第六章中强调过的，中耳炎的、内耳炎的细菌性病因通常是继发于某些其他原发或易感因素。细菌性内耳炎可蔓延至脑膜，继而导致中枢前庭功能障碍，这在猫比犬更容易发生。

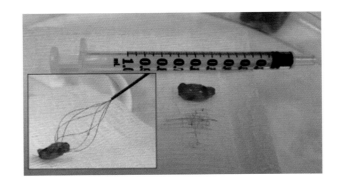

图 7.10 在耳内镜引导下，使用 3 mm 镍钛合金无尖回收篮通过耳内镜口插入耳道，从一只猫的水平耳道和鼓泡背外侧牵引取出的耳部息肉（感谢，Danielle Browning，LVT，UTCVM）© 2012 田纳西州立大学

猫的外周前庭疾病可能继发于耳部或鼻咽部息肉（图 7.10），其导致的中耳炎、内耳炎可能是无菌的。术前前庭症状可能包括头部倾斜、共济失调和眼球震颤；为切除息肉进行的腹侧鼓泡切开术经常导致医源性眼球震颤和共济失调。术后眼球震颤通常在 24 小时内消失。术前已经出现的头部倾斜，术后可能仍持续存在。

肿瘤可直接侵袭大脑或中耳，或者（例如，

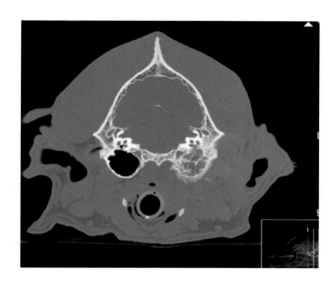

图 7.11　横截面 CT 图像。一只患有中耳／内耳炎、颞肌萎缩及霍纳氏综合征的 7 岁雄性去势切萨皮克湾猎犬，显示鼓泡处的骨肉瘤

肿瘤阻塞外耳道或咽鼓管）促发中耳的、内耳的炎症或积液，诱发中耳炎而导致外周前庭功能障碍（图 7.11）。起源于耳道的肿瘤比起源于鼓泡或骨迷路的肿瘤更常见。多种中耳或内耳的癌或肉瘤已被证明能导致外周前庭疾病，猫最常见的鳞状细胞癌。淋巴瘤和前庭神经纤维瘤也有报道。

很多化合物已经被证实为耳毒性物质（表 7.2）。由于很多文献报道都是基于试验模型，其临床相关性很难评价。例如，很多耳毒性物质的研究均使用啮齿类动物作为试验对象；与犬和猫相比，这类动物的鼓膜、耳蜗膜和前庭膜都更薄，这使得毒性物质更容易通过。研究中使用药物剂量和间隔往往都远超过临床和治疗用量，且测试方法也与临床情况不同。例如，某些研究中直接应用大量化学药物于耳蜗窗诱导中毒，这即便是在鼓膜破裂、中耳充满碎屑且表面发炎的情况下也很难实现。另一方面，大多数研究是在正常被试对象身上进行的，因此，无法说明这些物质在同时使用药物或并发疾病时的潜在毒性。

耳部前庭中毒可能与剂量或品种相关。例如，2% 的醋酸氯己定溶液直接用于正常猫的中耳会导致耳聋和外周前庭功能障碍的症状，但在犬的

中耳每日 2 次使用 0.2% 的溶液，连用 21 日也未见听力受损或前庭症状出现。另一项研究中，使用 0.05% 的醋酸氯己定滴入猫的中耳，导致纤毛数量下降和某些神经末端的水肿扩张。每日使用 0.4mL 的 10% 庆大霉素溶液直接应用于正常猫的耳蜗窗膜和中耳黏膜，4 日后便出现耳中毒症状。而使用低于 3% 浓度的溶液时，1 个月后仍未见某些异常。

将含有庆大霉素（3mg/mL）的缓冲液耳部给药于正常犬，7 滴／次，每日 2 次，无论鼓膜是否完整，在 21 日后均未出现前庭或听觉功能障碍。在正常犬的中耳或内耳使用商品化冲洗液 Tris-EDTA 和聚亚己基双胍溶液时也是同样的结果。在一项早先的研究中，某些犬在注入 1mL 含有丙二醇和 2% 磺琥辛酯钠或过氧化碳酰胺的耳垢溶解剂后可导致前庭症状。

全身性药物的前庭毒性通常与大剂量或长于 14 日的疗程有关，或者同时伴有肾功能不全。氨基糖苷类药物在外淋巴和内淋巴内浓缩，并损伤耳蜗内的毛细胞以及斑和嵴的神经上皮细胞。在一项研究中，每日对猫使用皮下给药的妥布霉素（40~80mg/kg）或庆大霉素（20~40mg/kg），分别平均在 41d 和 61d 后便出现前庭功能障碍。这种剂量高于临床使用推荐量。另一项研究中，给猫使用 20mg/kg 的庆大霉素或 22mg/kg 的链霉素，每日 2 次，连用 14d 后出现前庭功能障碍。停药后 1 个月症状出现部分改善。在猫皮下给予阿米卡星 45mg 或 90mg／（kg·d）不会导致前庭症状，但给猫皮下给予庆大霉素 9mg 或 18mg／（kg·d），分别平均在 68 或 42d 后出现前庭功能障碍。甲硝唑如果使用 60mg／（kg·d）或更大剂量，在 3~14d 后可能导致中枢前庭症状，不过犬的中毒剂量已被报道约 39mg／（kg·d）。大多数中毒犬可在 1~2 周后痊愈。

岩颞骨或鼓泡的骨折或骨性病变可导致外周前庭症状，且可能伴发面神经麻痹。前庭症状在鼓泡刮治术或大强度中耳冲洗时导致的医源性损伤时更为常见。

表 7.2　各种药物对犬猫前庭功能的影响

药物	给药方式	剂量	动物种类	影响
妥布霉素出现前庭功能障碍	皮下	40~80mg/（kg·d）	猫	平均在治疗开始后41d
庆大霉素出现前庭功能障碍	皮下	9~18mg/（kg·d）	猫	平均在治疗开始后42~68d
阿米卡星	皮下	45~90mg/（kg·d）	猫	没有关于40日的治疗后前庭功能的证据
甲硝唑	口服	≥60mg/（kg·d）×（3~14）d	犬	中枢前庭功能障碍通常1~2周内恢复
2% 醋酸氯己定溶液	耳部	0.6mL 直接滴入中耳，每48h 一次，×3 次	猫	外周前庭功能障碍
0.2% 醋酸氯己定溶液	耳部	7 滴 / 次直接滴入中耳，每日 2 次，×21d	犬	未见前庭功能障碍
10% 硫酸庆大霉素溶液	耳部	0.4mL/d，×31d 直接用于耳蜗窗和中耳	猫	4d 后前庭中毒
（<3%）硫酸庆大霉素溶液	耳部	7 滴 / 次，每日 2 次，×31d	猫	对前庭功能无影响
3mg/mL 硫酸庆大霉素溶液	耳部	7 滴 / 次，每日 2 次，×21d	犬	无论鼓膜状态如何，均对前庭无影响
Tris-EDTA+ 聚亚己基双胍溶液		2~5mL/ 次，每日 2 次，×14d	犬	无论鼓膜状态如何，均对前庭无影响

尽管很罕见，但犬猫的繁殖中也有过先天性前庭功能障碍的报道（图 7.13）。患病的品种包括比格犬，杜宾犬、可卡犬、秋田犬、丝毛猎狐 狻以及德国牧羊犬；暹罗猫、缅甸猫和东奇尼猫。1 个月时便可能出现外周前庭功能障碍的临床症状和单侧或双侧耳聋，在 5 月龄后可能有所改善，尽管某些动物会一直存在头部倾斜和耳聋的现象。

外周前庭疾病的其他罕见病因包括马蝇（Cuterebra）从耳道至内耳的移行、猫的隐球菌性中耳炎的、内耳炎以及犬的甲状腺机能减退。甲状腺机能减退也可导致中枢前庭疾病，但无论是哪一种，补充甲状腺激素都能迅速改善症状。

当外周前庭功能障碍无法确定时，前庭疾病可以被定义为特发性。猫的特发性前庭综合征是指突然发病的非渐进性或 3 周病程内急性发病的前庭功能障碍。猫的特发性前庭综合征在美国东北部的夏季月份最为常见，通常先出现上呼吸道刺激症状。发病的猫没有明显的特征，任何年龄都有可能发病。大多数猫会有与单侧外周前庭疾病相关的症状——严重的头部倾斜、方向感缺失、摔倒、翻滚、眼球震颤——没有其他神经症状。双侧病变患犬可由于严重的方向感缺失而出现分腿姿势或蹲伏，从一侧向另一侧大幅度摆头，正常生理性眼球震颤缺失。某些猫会出现呕吐和厌食。耳内镜、X 线检查和高级影像学检查的结果

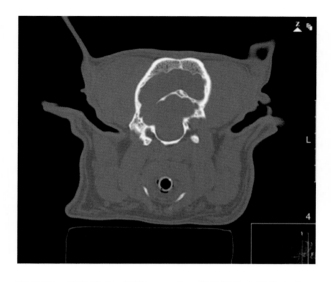

图 7.12　横截面 CT 图像。一只 1 岁的雌性法国斗牛犬，在 6 个月时突然出现左侧头部倾斜，图像显示颞骨岩部和鳞部变形

图 7.14　该犬患有特发性前庭综合征，共济失调症状消失，但头部倾斜仍持续存在

均正常；大多数猫在不进行治疗的情况下，于 3 日内出现症状改善，且 3 周内通常恢复正常。某些病例中头颈倾斜可能持续存在。

犬的特发性前庭综合征同样是急性发作，多见于老年犬（图 7.14）。临床症状与猫相似；偶尔可见犬在出现前庭症状前出现呕吐或恶心现象。这种疾病通常为自限性，大多数犬在 3 日内自行出现改善，1~2 周内恢复正常。偶尔可见头颈倾斜仍持续存在的病例。

诊断

病史及体格检查

获得完整的病史及体格检查，对于确定或排除前庭功能障碍的潜在病因可谓至关重要。病史信息应包括之前的外伤、手术、耳朵或皮肤感染、过敏、痛感、抽搐、神经学或行为学异常，视力或听力的改变，或呼吸道或胃肠道症状。发病时间、持续时间及任何临床症状的发展都应该确定。应询问动物主人其宠物是否进行过洗耳，或正在使用任何口服药物或耳部用药，包括抗生素、耵聍溶解剂和清洗剂。一个完整的体格检查应包括神经学、眼科学、耳内镜检查及听力评估。动物可能需要深度镇静或麻醉以便进行外耳道、鼓膜及咽部检查（图 7.15）。

图 7.13　犬猫的先天性前庭功能障碍很罕见；大多数年轻动物这种问题仍然是继发于中耳炎

基础诊断

基础诊断可包括全血细胞计数、生化检查及尿液检查以评价动物是否存在潜在的全身性疾病。如果怀疑甲状腺机能减退，还应该进行甲状腺激素检查。胸腔X线摄影及腹部超声用来检查是否存在肿瘤或全身性疾病。泪液量测试（Schirmer's tear test）可用来检查主岩神经的损伤，岩神经是面神经从中耳穿过的一个分支。对这根神经的损伤可能导致KCS。

耳内镜发现的肿物可以进行细针抽吸或活检以进行细胞学或组织学检查。如果病变位于中耳，则应通过鼓膜切开术获得液体，进行细胞学检查和细菌培养（第六章）。

影像学

头部X线片最常用于诊断中耳炎，但对于创伤性或破坏性病变也有诊断意义。常见异常可包括内耳道阻塞或钙化、鼓泡或骨性迷路的破坏、鼓泡或岩颞骨的骨折、或中耳内出现软组织密度影（图7.16）。大约25%的中耳炎患病动物的头部X线片可能正常，因此，可能需要使用高级影像技术（CT或MRI）评价中耳，并排除其他病变。对大多数动物而言，头部X线片对内耳炎的诊断意义有限。

在某些病例中，头部X线片可能无法获得明显诊断，或病变程度尚不足以确诊时，通常可考虑CT作为外周前庭系统进一步的评估手段。CT增强了鼓泡及岩颞骨的骨性变化，因此，有助于诊断创伤或中耳肿瘤的范围（图7.17）。对于检查犬的中度至重度中耳炎及猫的鼓泡积液或鼓泡内肿物（图7.18），CT也比头部X线片更为敏感，

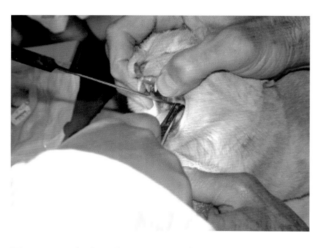

图7.15 用卵巢钩将软腭向吻侧牵拉，有可能看到鼻咽部息肉

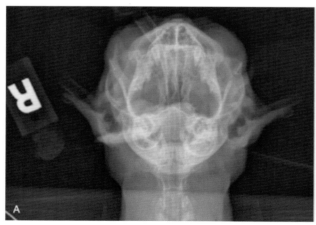
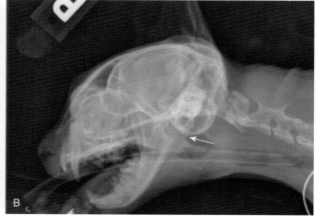

图7.16 一只有打鼾和喘息病史的8月龄雌性绝育布偶猫的头部X线片。在（A）张嘴投照片中可见左侧鼓泡增大及鼓泡壁增厚，而在侧位片上尾侧鼻咽部可见软组织密度影；（B）通过经口腔的牵引和腹侧鼓泡切开移除的鼻咽部息肉

还可以检查中耳炎、内耳炎向大脑的蔓延发展。

　　MRI 不是中耳炎的常用诊断工具，但对于肿瘤和影响前庭系统软组织的炎症，或用来排除脑积水及可导致中枢前庭疾病的大脑、小脑及脑干病变，却是非常好的影像学工具（图 7.19）。

MRI 还可用于检查感染性中耳炎、内耳炎向脑膜或脑实质的蔓延程度（图 7.21）。85%（猫）和100%（犬）的中枢前庭功能障碍，以及 57%（猫）和 74%（犬）的外周前庭功能障碍的患病动物，其病变都可通过 MRI 辨识。

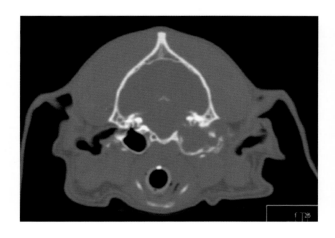

图 7.17　一只出现外耳炎急性发作和左侧头部倾斜的 8 岁雄性去势杂种犬。可见左侧鼓泡的扩张和溶解，鼓泡充满的软组织密度影已经蔓延至外耳道。骨溶解也见于颅盖骨，在造影后可见已经延伸至耳廓周围组织及脑干。此病例怀疑为耵聍腺癌

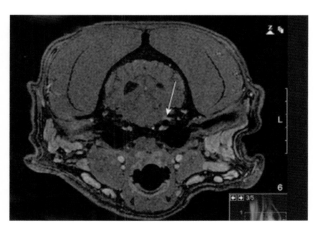

图 7.19　一只有一年头部倾斜病史的 7 岁瑞士山犬的MRI 图像，最近出现左侧面部下垂。注射钆造影剂后，可见增强的左侧面神经和前庭蜗神经（箭头）一起包裹在硬脑膜鞘内穿过内耳道。使用泼尼松治疗后没有明显改善

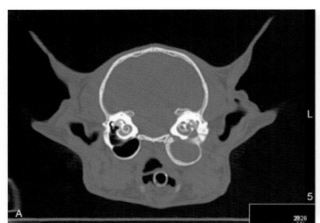

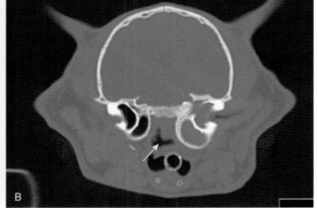

图 7.18　横截面 CT 图像。图 7.16 中的中耳炎患猫。左侧鼓泡增大、壁增厚且充满软组织密度影。（A）注意到鼻咽部内的肿物；（B）两张图像都可清楚地看到分开正常右侧鼓泡的中隔（中国农业大学动物医院：影像科供图）

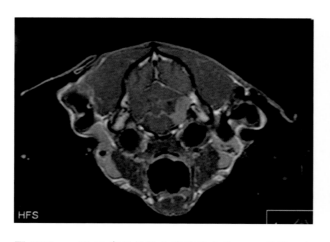

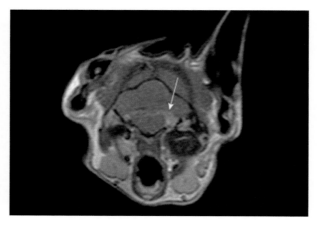

图 7.20 一只 12 岁的雄性去势灵缇犬的 MRI 图像，出现虚弱、共济失调及左侧头部倾斜症状已有 3 个月。小脑和脑干内可见到造影增强肿物，周围出现水肿。病变符合脑脊膜瘤特点

图 7.21 一只雌性绝育暹罗猫的 MRI 图像，患猫出现左侧头倾斜、转圈、向左侧摔倒症状。体格检查可见快相向右侧的水平眼球震颤，以及较弱的向左侧的生理性眼球震颤。在 MRI 图像上可见左侧鼓泡增厚，颞骨岩部及耳蜗的破坏。鼓泡、脑膜、脉络丛、脑干及小脑可见造影增强（箭头）。最终诊断为无菌性中耳炎，继发扩散至大脑

7.2 耳蜗

与前庭器一样，耳蜗位于岩颞骨内。在骨性螺旋板内的是耳蜗管，一个充满液体，内有特殊感觉上皮的腔。毛细胞或静纤毛和这种上皮一起将液体传播的声波转换为神经脉冲，后者经由前庭蜗神经的耳蜗部分传递至脑干，之后传至大脑皮层。

7.2.1 听力

听力最初依赖于一系列物理活动，将声能引导至柯蒂氏器官（包含毛细胞、盖膜和支持细胞的神经器官）（图 7.22）。正常情况下，声波由外耳道汇集至鼓膜，导致鼓膜振动。鼓膜的振动通过听小骨链（砧骨、锤骨和镫骨）传递至位于镫骨下的前庭窗膜（图 7.23）。镫骨及与其关联的膜运动使耳蜗管前庭阶内的外淋巴运动。产生

的液体波动向上传递至前庭阶，经过蜗孔再向下传至耳蜗管的鼓阶，使得耳蜗窗向中耳内突出。同时，运动还会振动鼓阶基底膜，之后传至临近中阶的内淋巴。液体波动通过中阶内的内淋巴使盖膜运动，盖膜能刺激感觉毛细胞的去极化。在神经通路正常的动物，声波还可经骨骼直接传导（骨鼓传导），但中耳或外耳结构异常的动物则无法实现（图 7.24）。

幼犬和幼猫的外耳道在 6~14 日龄之间打开（图 7.25），之后的 5 周里会逐渐增宽。尽管如此，即使外耳道并未完全开放，幼猫 5 日龄及幼犬 10 日或 11 日龄时便有明显的声音感知能力。大多数幼犬和幼猫在 1 月龄后开始拥有环境声音听力。

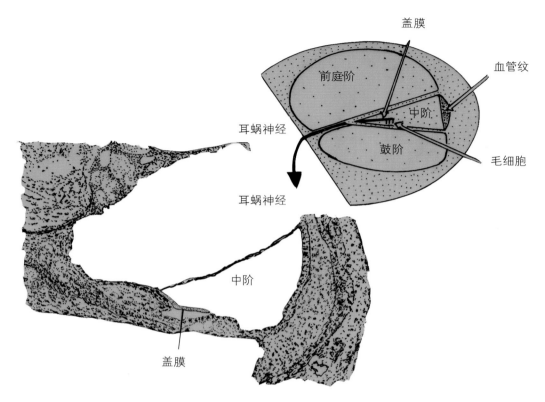

图 7.22　部分耳蜗的横截面组织学结果（左）及其图示说明（上右）。镫骨的振动通过前庭窗传递至前庭阶内的外淋巴，前庭阶紧连蜗孔处的鼓阶。液体波动通过基底膜传播，导致毛细胞摆动向上伸出至盖膜的凝胶表面。毛细胞沿膜方向的前后运动使其自身激活，向下传导脉冲至耳蜗神经（祖国红供图）

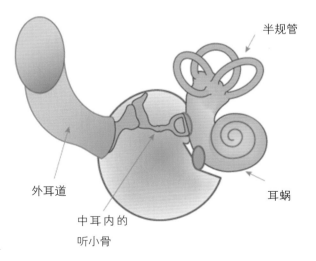

图 7.23　声波传导通路的图示。声波进入外耳道，导致鼓膜振动。中耳内的听小骨将振动传递至前庭窗膜

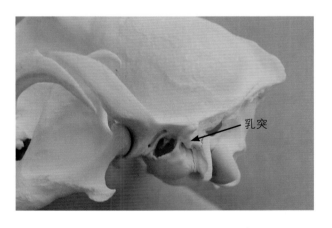

图 7.24　乳突（箭头）紧邻茎乳突孔（面神经从此离开头部）尾侧。人类医学中，可通过皮肤直接在乳突上放置机械振动器以测试听觉经骨骼至耳蜗的传导（中国农业大学：王宏钧，常建宇供图）

7.2.2 耳聋

耳聋可分为感觉神经性或传导性、遗传性或获得性、早期（先天性）或晚期发病。传导性耳聋是指声波从外界环境传导至耳蜗管的过程中遇到了某些阻碍，而感觉神经性耳聋则指的是由于柯蒂氏器官或耳蜗神经导致的异常。

图 7.25　约克夏㹴的外耳道在 7 日龄时仍然闭合

传导性耳聋

传导性耳聋可能发生于组织或碎屑导致的外耳道或中耳阻塞、鼓膜破裂、鼓膜或听小骨活动性下降，或外淋巴异常。最常见的病因是中耳炎和严重的增生性内耳炎。中耳或外耳道的肿瘤也可能阻碍空气传导或鼓膜、听小骨或前庭窗膜的运动（图 7.26）。由于外耳道缺失导致的先天性传导性耳聋很罕见；不过，幼龄时耳道的创伤撕裂可能导致耳道狭窄或闭锁（图 7.27）。

感觉神经性耳聋

感觉神经性耳聋主要发生于盖膜、静纤毛或耳蜗神经损伤时。尽管脑干和大脑皮层疾病理论上也会导致感觉神经性耳聋，但其损害范围必须非常广泛，因而使得这类病因变得可能性不大。感觉神经性耳聋的类型包括遗传性耳聋、耳中毒、耳蜗神经退化以及增龄性变化。

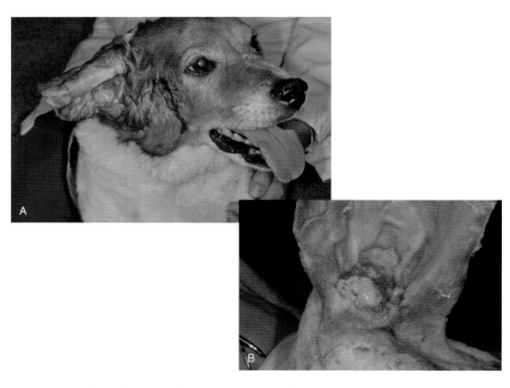

图 7.26　一只患耵聍腺癌的 13 岁老年比格犬，出现单侧耳道阻塞及继发性耳聋。肿物阻塞耳道，导致耳道破裂并出现窦道（A）。增生性肿物蔓延至外耳道之外（B）。通过耳廓切除术、全耳道切除术及侧鼓泡骨切开术彻底切除肿物；尽管如此，组织学样本上仍然见到淋巴侵袭，这增加了未来发生转移性病变的风险

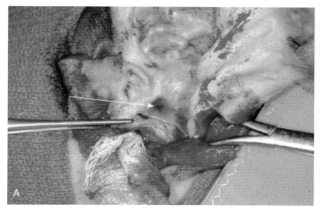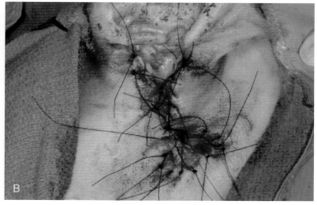

图 7.27　一只 5 岁雌性绝育比格杂种犬，从 7 周龄开始就有双侧间断性面部肿胀和耳炎病史，现出现耳道狭窄或闭锁。（A）打开侧耳道以使阻塞可见（箭头）。双侧水平耳道均止于盲囊，且出现双侧耳廓周脓肿。（B）残存的水平耳道采用与垂直耳道切除术相似的技术与皮肤进行缝合（中国农业大学动物医院：丛恒飞供图）

遗传性感觉神经性耳聋

遗传性（先天性）感觉神经性耳聋在猫及超过 60 个品种的犬均有报道。患病动物的听力在出生后最初的数周内通常存在，但在 2 月龄时消失，因而怀疑为退行性病变过程。一般怀疑 2 种潜在的病因：血管纹的功能障碍（色素相关性耳聋）或静纤毛退化（生活力缺损形式）。

色素相关性遗传性耳聋最常发生在部分白色或全白色的动物。血管纹上的生黑色素细胞，负责维持内淋巴的高钾浓度。色素相关性耳聋的患病动物缺乏生黑色素细胞。因此，钾离子不再转移至内淋巴，这导致耳蜗内电位丢失，进而导致静纤毛的退化。

白猫经常罹患这种疾病；实际上，白色被毛及双眼蓝色虹膜的猫发病率将近 50%（图 7.28）。单侧蓝眼的猫发病率较低；然而这些猫比其他非蓝眼的猫发病风险要高。大麦町犬是最常见的发病品种，幼犬单侧或双侧耳聋发病率约 30%。蓝眼的大麦町犬耳聋发病率更高。这种疾病在此品种为常染色体显性遗传。对于特定品种的犬，耳聋也见于斑点、斑纹和花斑型被毛颜色。

生活力缺损性遗传性耳聋的动物，无论其耳蜗内电位是否正常，静纤毛退化都会出现。这种

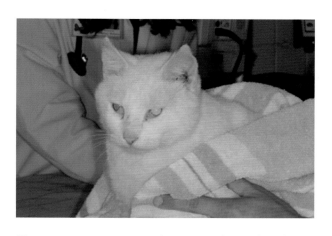

图 7.28　大约 50% 的双侧蓝眼白猫被诊断患有色素相关性遗传性耳聋。这只猫的耳廓轮廓异常，是因为使用激光切除了耳廓边缘，以治疗双侧鳞状细胞癌

疾病通常是常染色体隐性遗传，且大部分都导致双侧耳聋。半规管内的静纤毛也可能受累，导致前庭疾病症状。某些品种，这种犬也易患骑士查理王小猎犬，耳聋可能到 3–4 岁时才会发生。例如分泌性中耳炎，这会导致传导性听力丢失和神经症状。

双侧遗传性感觉神经性耳聋的临床症状通常在幼年时就出现。除了听力丧失以外，患病动物可能出现行为学异常，例如脾气暴躁和声调升高，且很难从睡眠中唤醒。

老年性耳聋

晚期发作的感觉神经性耳聋或老年性耳聋，是指与年龄增长有关的听力下降。潜在病因尚未明确，有可能是毛细胞、螺旋神经节细胞、耳蜗神经或蜗神经核的退化；血管纹的萎缩或基底膜病变，导致的感觉神经性耳聋。也有可能是继发于听骨关节炎导致的传导性耳聋。

患病动物通常已经 8 岁或以上，因此，也可能继发于其他可能影响听力的其他疾病，例如慢性外耳炎或肿瘤。

耳中毒

实验性的全身给予多种药物已证实会导致耳中毒及随后导致的听力损失；然而，与前庭毒性一样，很难解释这些文献报道的临床相关性。听力丧失可能与物种、药物剂量、治疗持续时间，或其他因素有关，譬如肾功能或同时用药情况（表 7.3）。

全身性使用氨基糖苷类药物是最可能产生耳毒性的，特别是对于猫。不过正常剂量下，对听觉功能的影响尚未见报道。猫皮下给予 90mg /（kg·d）或 45mg /（kg·d）的阿米卡星后，分别平均在治疗后 39 日和 78 日，猫对声音反应消失。皮下给予庆大霉素 18mg /（kg·d）和 9mg /（kg·d）后，对听力没有产生明显影响。但给猫肌肉注射新霉素 [50mg /（kg·d）] 会导致螺旋神经节神经元细胞渐进性退化。静脉给予新霉素 30mg /（kg·d），连用 22 日后导致经 BAER 测试证实的听力完全丧失。单次静脉注射硫酸卡那霉素 100mg/kg 可导致 BAER 波形可逆性的改变。有一只皮下使用新

表 7.3　多种药物对犬猫听力的影响

药物	给药方式	剂量	动物种类	影响
阿米卡星	皮下	90 或 35mg /（kg·d）	猫	治疗 39~78 日后对声音无反应
庆大霉素	皮下	9~18mg /（kg·d）	猫	治疗 40 日后对听力无影响
呋塞米	静脉	50mg /kg，1 次	犬	暂时性耳聋；但利尿剂可增加其他药物的毒性，例如氨基糖苷类
顺铂	静脉	100mg /m²	犬	听力阈值改变
硫酸庆大霉素溶液	耳部	7 滴（3mg /mL）	犬	不论鼓膜状态如何，对 BAER 测试无影响
Tris-EDTA+ 聚亚己基双胍溶液	耳部	2~5mL / 次，	犬	未见前庭功能障碍
氯霉素溶液	耳部	明胶海绵 400mg /mL，	猫	4 日后前庭中毒
醋酸氯己定溶液（2%）	耳部	0.6mL 直接注入中耳，q48h×3 次	猫	耳蜗和前庭毛细胞明显退化
醋酸氯己定溶（0.2%）	耳部	7 滴直接注入中耳，2 次 /d，×21d	犬	BAER 无变化

q48h，每 48h

霉素治疗 5 日（总剂量 500mg）的拉布拉多犬出现了耳聋。

　　髓袢利尿剂对听觉功能的影响与剂量有关，这可能与内淋巴内钾离子浓度的改变有关。需要在大剂量（如犬 50mg /kg IV）下才出现耳毒性，且通常是暂时性的。药物的联合使用可能会导致严重后果。例如单次使用卡那霉素和髓袢利尿剂依他尼酸会导致成年猫的严重耳聋。

　　顺铂的耳毒性在人类临床患者中已有文献报道。实验性对正常犬使用单剂量顺铂（100mg /m²），给药 4 日内便会影响听力阈值，且一只犬在 4 次治疗后出现了急性耳聋和失明。

　　耳部用药的耳毒性同样与剂量和物种有关。硫酸庆大霉素（3mg /mL 溶液）耳部给药用于正常犬的耳内，每日 2 次，连用 21d。无论鼓膜完整还是破裂，都未对 BAER 测试产生影响。使用 Tris-EDTA 和聚亚己基双胍溶液冲洗外耳和中耳也是同样的结果。直接在猫的耳蜗窗上使用单剂量的氯霉素（400mg /mL）减弱了耳蜗功能；2~4 日后功能部分恢复。在一项较早的研究中，某些犬的耳道注入 1mL 含有丙二醇、2% 琥珀磺酸二辛钠、过氧化碳酰胺或三醇乙胺的耵聍溶解剂，导致听觉功能下降。

耳聋诊断

　　最初的诊断是基于动物主人的观察。完全双侧耳聋的犬无法被大声从睡眠中唤醒。如果患犬为单侧或部分耳聋，则动物主人还可能发现其行为学变化。一些易患听觉功能障碍品种，通常在常规听力检查时确诊耳聋，例如大麦町犬。体格检查应该包括耳内镜和眼科检查以确定有无外耳或中耳炎的症状。高级影像学技术对怀疑有中耳炎、内耳炎的动物非常有用。

　　听力很难通过临床体格检查评估。对声音的反应性必须在没有视觉线索或空气运动，或地板振动的情况下测试。普莱尔反射——耳朵摆动表示对声音的反应，是犬听力的行为学表现

图 7.29　普莱尔反射。犬的耳朵对声音有反应时会从休息状态抬起并向前转动（金日山供图）

（图 7.29）。不幸的是，这种反射在声音频率低于 8 000Hz 时可能不一致，这高于人类正常的说话音调，男人平均为 120Hz，女人则为 250Hz。这种反射最好使用发出声音频率 12 000~22 000Hz 的训狗哨来激发。听力更客观的测量方法是评估 BAER 或阻抗听力测试。

　　阻抗听力测试或鼓室测压能测试鼓膜的顺应性。闭锁外耳后，在声波产生时测量耳道内的压力。如果结果正常，则为感觉神经性耳聋。动物很少使用阻抗听力测试，因为需要使用的设备只适合人类耳道。

脑干听觉诱发反应

　　BAER，也称为脑干听觉诱发电位，是检测单侧或双侧听力缺失的方法（图 7.30）。它也可用于一段时间内监控听力的发展变化。BAER 测试通常用于 6 周龄以上的镇静或轻度麻醉的动物（图 7.31）。将电极放置于动物头部，用于检测听觉刺激下的神经反应（图 7.32）。在动物身上安置耳机或耳塞，当一系列的滴答声播放至一只耳内的同时，另一只耳朵则用白噪音屏蔽。

　　滴答声以不同分贝的形式传导，其反应被记录为一系列提示内耳和不同脑干水平电活动的波

图 7.32　电极放置于皮肤下，声音通过耳塞或耳机传导

图 7.30　使用电子化系统评价动物对经耳机传播声音的反应，以便评估听力缺失

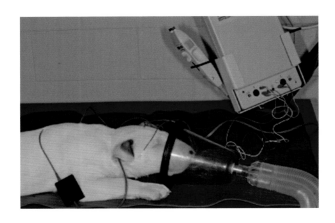

图 7.31　通过气体（如七氟烷）轻度麻醉的动物，这允许适度镇静和快速苏醒

形。Ⅰ波表示离开内耳道的同侧前庭蜗神经耳蜗部分（图 7.33）。Ⅱ波包括进入脑干的前庭蜗神经反应。Ⅲ、Ⅳ、Ⅴ波表示脑干内听觉部分的反应。

　　传导性或感觉神经性耳聋的 BAER 测试可能是异常的（图 7.34）。遗传性感觉神经性耳聋的动物，所有波形均消失。传导性耳聋的动物，从发出刺激至出现波形的时间或潜伏期延长，且波的振幅减小。发生严重病变时，传导性耳聋动物的波形可能完全消失。这类患犬可以进行骨骼刺激测试。只要耳蜗正常，对乳突施加振动时，传导性耳聋患犬便可产生波形。

　　与年龄增长相关的耳聋患犬，其波形振幅减小。高强度的声音（80dB）可能诱导产生正常波形，但正常犬听力范围（0~5dB）内的声音却可能无法实现。如果怀疑耳中毒是潜在的耳聋病因时，BAER 测试可以用于监控停止接触耳毒性物质后，听觉功能的恢复情况。BAER 测试也可用于检查脑干病变，例如肿瘤、脑炎、梗死或脑死亡。

　　耳道内充满渗出、碎屑或组织的患病动物；小于 5 周龄的幼犬或幼猫；体温过低的动物，以及包括耳机、麦克风或电极问题在内的其他因素，都可能导致空气传导 BAER 测试出现耳聋的假阳性结果。如果病变恰好位于评估区域之外，例如，位于中耳膝状神经核和小脑颞叶的病变，可能导致耳聋动物出现假阴性结果。

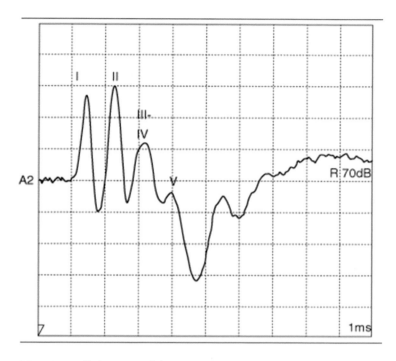

图 7.33　正常的 BAER 测试

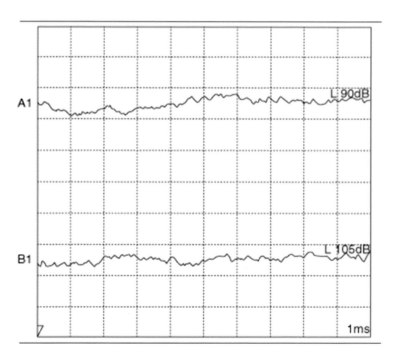

图 7.34　遗传性感觉神经性耳聋，或患有阻碍声波传递的外耳或中耳
严重病变的动物，其所有的波形均消失

第 8 章　耳外科

Karen Tobias

8.1 耳廓撕裂

耳廓全层或一侧皮肤与软骨分离，形成二到三边皮瓣，需要进行外科缝合。缝合材料选用可吸收缝合线或不可吸收缝合线。

（1）对于部分耳廓撕裂，留置引流管或采用穿透皮肤和软骨的非全层褥式缝合，来闭合死腔。皮肤对合采用结节缝合（图 8.1）。如创口呈 L 形，可于转角处缝合第一针对合皮肤。

（2）对于耳廓全层撕裂，对合耳廓皮肤及软骨，再经耳缘进行简单间断缝合。对于附着于软骨上的皮肤，可直接缝合皮肤。伴有软骨损伤时，可贯穿软骨，缝合皮肤及软骨，如皮肤缺损，伴有软骨过多，可修剪多余软骨后再缝合。

对于耳廓全层撕裂，可以从耳缘起分别结节缝合两侧的皮肤，或者一侧结节缝合，一侧垂直褥式缝合。若皮肤无法覆盖软骨，可修剪多余的软骨。

（3）如损伤导致耳廓缺损或坏死，可行部分耳廓切除术（图 8.2）。

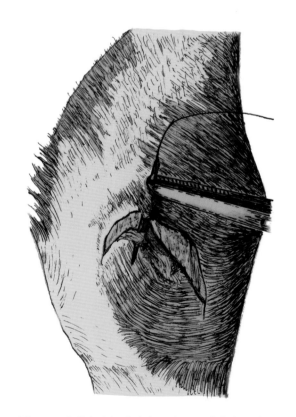

图 8.1　耳廓皮肤撕裂缝合。缝针仅贯穿皮肤（祖国红供图）

图 8.2　耳廓撕裂缝合。先对合耳缘皮肤，进行第一针缝合，尽量不贯穿软骨（中国农业大学动物医院：丛恒飞供图）

（4）如部分撕裂较大，损伤至外侧耳廓基部，首先进行清创，并开放处理，至形成新鲜肉芽创面后，移植颈侧、面部或头顶皮肤的单蒂皮瓣将其覆盖。

（5）如耳缘大面积全层坏死或缺失，可采用远端皮瓣重建耳廓。残留的耳廓清创后，经创口附近的头部或颈部皮肤移植单蒂皮瓣，沿耳廓凸面与皮肤缝合。绷带包扎2周后，在预想的耳廓边缘切断皮瓣。经头顶切取新的皮瓣，沿耳廓凹面与伤口的皮肤边缘缝合，与第一个皮瓣对合，注意要使双侧的皮下组织相贴。再次包扎。2周后，按外侧皮瓣的边缘修剪内侧（第二）皮瓣，并缝合内外侧皮瓣创缘，形成耳廓缘。

8.2　耳廓切除术

耳廓切除术常用于猫鳞状细胞癌切除，犬肥大细胞切除术或切除坏死的耳廓缘。

（1）术部剃毛和消毒。

（2）采用激光、手术刀、烧灼术切除病变组织。肿瘤组织需多切除周围1~2cm的皮肤。激光可以直接闭合小于1mm的血管。

A. 采用手术刀切除大面积组织时，于预切除线处夹上非挫伤性钳（如Doyen），沿钳外侧缘切除耳廓，钳夹几分钟后缝合，可减少出血。

B. 采用激光切除，选用焦点0.4mm，连续模式，功率8~10W。用激光于一侧耳廓皮肤上做预切除线，然后从耳缘开始做全层切除。术者一边切开，助手一边向外侧垂直于切口方向牵拉耳尖，这样有助于操作的进行。清除激光切除组织时产生的碳渣。碳渣影响切开，也会导致继发性热损伤。

（3）采用3/0或4/0单股可吸收或不可吸收线，结节或简单连续缝合创缘内外侧皮肤，将软骨裹在其内。如见出血，烧灼或环扎止血，周围组织做全层或部分褥式缝合。

8.3　耳血肿引流术

应在肉芽组织形成前及早治疗耳血肿，否则易纤维化导致耳廓变形。一些医生推荐采用细针引流（皮肤剃毛消毒后），冲洗血肿腔，口服或血肿内注射糖皮质激素。其他人喜欢切开、长期留置引流管、或闭合引流系统治疗耳血肿。切开引流适用于慢性耳血肿。对于任何病例，需治疗导致甩头、抓挠耳部的潜在疾病，才能有效预防复发。

8.3.1　胶头套管引流

（1）耳部剃毛消毒。

（2）用11号刀片于耳血肿远端作一小的穿刺孔。

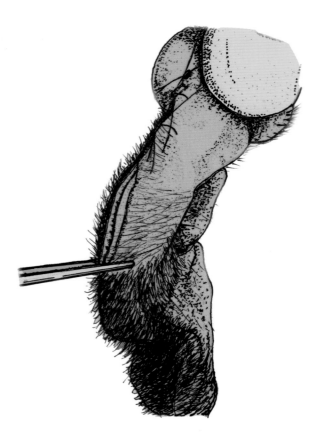

图 8.3 耳廓切除缝合。将耳廓内侧及外侧皮肤对合缝合，包被耳软骨（祖国红供图）

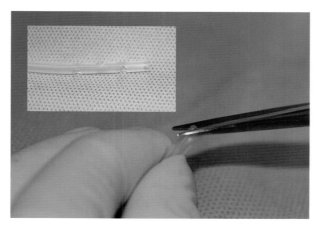

图 8.4 持续抽吸引流。去除蝶形输液针的接头，折转软管形成尖角，剪掉尖角形成侧面嵌入的引流孔（中国农业大学动物医院：丛恒飞供图）

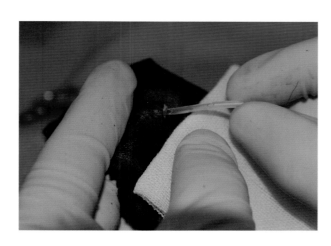

图 8.5 将引流管经耳廓内侧皮肤的穿刺口插入血肿腔内，直至所有引流孔均置于血肿腔内为止（中国农业大学动物医院：丛恒飞供图）

（3）经切口留置引流管并缝合固定。

（4）挤出血肿内的所有液体。

（5）将耳部平整地包扎固定于头顶、面部或颈下，以消除死腔。视需要更换绷带。

（6）1~2 周后移除引流管，持续包扎固定耳廓 2 周。

8.3.2 闭式引流

（1）耳部剃毛消毒。

（2）取大号蝶形输液针，去除接头备用，位于软管远端 1.5~2cm 作 2~4 个引流孔（见图 8.4）。

（3）棉球填塞外耳道，于血肿腹部（近端）用 11 号刀片做穿刺孔，即可见大量液体。

（4）将蝶形输液针的引流孔端插入血肿腔

内（见图 8.5），创口做荷包缝合固定，确保创缘与引流管壁没有间隙。使用中国结固定皮肤外面的引流管。

（5）将蝶形针针头插入真空采血管（见图 8.6），将采血管固定于动物的颈部。

（6）如需要可行耳部包扎，以排除死腔，防止甩头。

（7）当 2~3mL 液体进入真空管后或在其他必要情况下，更换新管以维持管内负压。

（8）一周移除引流管，持续耳部包扎一周。

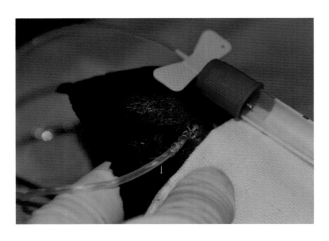

图 8.6 持续闭合引流治疗耳血肿的最终外观。引流孔处皮肤对合后褥式缝合，引流管采用中国结固定于耳部，小心避免压碎真空管。针头插入真空管内（中国农业大学动物医院：丛恒飞供图）

8.3.3 切开引流

（1）耳部剃毛消毒。

（2）于耳廓内侧作皮肤切口，完全切开整个血肿，灭菌生理盐水冲洗空腔。

（3）为了消除血肿形成的死腔，于耳廓凸面平行血管方向做全层褥式缝合，避免穿透血管。对合皮肤和软骨并结节缝合，打结应避免压力过大导致组织坏死（图 8.7）。

（4）无菌纱布覆盖创口，耳部包扎后固定于头顶，面或颈侧 2 周左右，视需要更换绷带。

（5）除了使用刀片切开引流，还可采用 4mm 皮肤打孔器或二氧化碳激光刀，于耳廓凹面的血肿皮肤打孔，孔间距约 1cm，耳部包扎 1~2 周直至创口愈合。

8.4 侧壁切除术

侧壁切除术主要用于纠正先天耳道狭窄，切除垂直耳道内的外侧壁增生物，在没有耳内镜的情况下，或改善深部团块的手术视野。但不能有效治愈慢性外耳炎，特别是伴有耳道增生或钙化。但该手术可改善耳部环境因素，并有利于耳部给

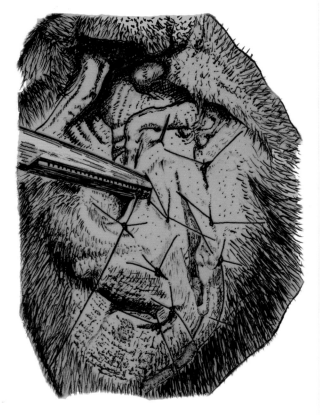

图 8.7 血肿腔扣状加压缝合，缝线贯穿耳廓凸面皮肤，于耳廓内侧皮肤打结。缝线需牢固对合而不是挤压组织层（祖国红供图）

药。可卡犬进行侧壁切除失败率较高，因其易出现渐进性外耳炎。

（1）面部、整个耳廓至耳根部全面剃毛，尤其从背侧到腹侧切开侧壁来制造引流板时，这种技术常用一手持耳廓，一手做切开。无菌生理盐水冲洗耳道，洗必泰溶液消毒。

（2）其他剃毛方式：如经腹侧（近端）至背侧（远端）切开耳道侧壁，仅对面部、耳廓凹面剃毛即可。因该操作过程无需操控耳廓。

（3）动物侧卧保定。如耳廓在手术术野内，提起下垂的耳廓剃毛消毒。

（4）于耳道外侧面部皮肤做 U 形切口，切口向腹侧延伸至水平耳道下 1~2cm（见图 8.8）。

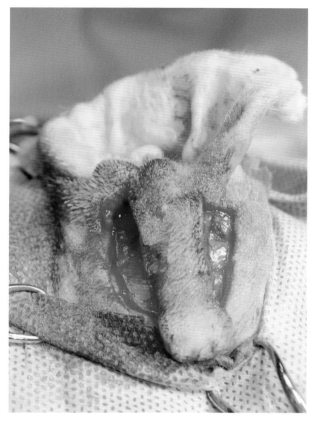

图 8.8　耳道外侧壁切除术。U 形皮肤切口，止于前耳屏切迹和耳屏间切迹，移除垂直耳道外侧壁（中国农业大学动物医院：丛恒飞供图）

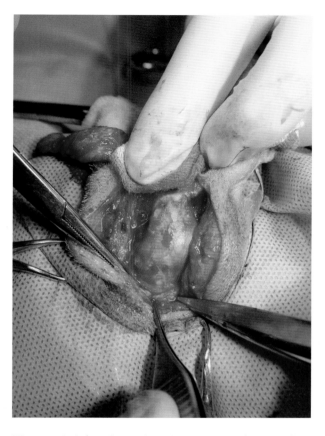

图 8.9　耳道外侧壁切除术。皮下组织及腮腺已从垂直耳道分离开，剪刀尖指示垂直耳道腹侧缘（近端）（中国农业大学动物医院：丛恒飞供图）

A. 切口起始于前耳屏切迹处（图 1.2）。

B. 切口向腹侧延续至水平耳道下 1~2cm。

C. 做弧形切，折转向上至耳屏间切迹结束。

（5）用剪刀分离皮瓣下的皮下组织，以便于皮瓣可向耳廓背侧（远端）翻转。

（6）继续分离皮下组织至垂直耳道外侧壁（图 8.9），必要时向腹侧可牵拉腮腺显露视野。

（7）垂直耳道外侧壁做 2 个平行切口翻转成引流板。

背侧至腹侧切开法（全耳术前准备）

A. 术者面对犬头顶。

B. 用长的直止血钳或钝的直探子探察耳道方向。

C. 用利剪于前耳屏切迹向腹侧剪开耳软骨 1~1.5cm（图 8.10）。

D. 同理，于耳屏间切迹作第二个平行切口。

E. 每侧切口继续延伸约 1cm 至水平耳道水平面，沿垂直耳道折转方向翻转剪刀，继续分离耳软骨，至水平耳道前缘及后缘中点。

腹侧至背侧切开法（全耳或耳外侧术前准备）

A. 确定垂直耳道外侧壁最低点。

B. 用 11 号或 15 号刀片于垂直外耳道外侧壁，预留皮瓣的前侧缘做穿刺孔。

C. 同理，于预留皮瓣的后侧缘做穿刺孔。

D. 经穿刺口插入软骨剪或梅奥剪的一侧刀锋，沿预留皮瓣的后侧缘，经腹侧向背侧切开外

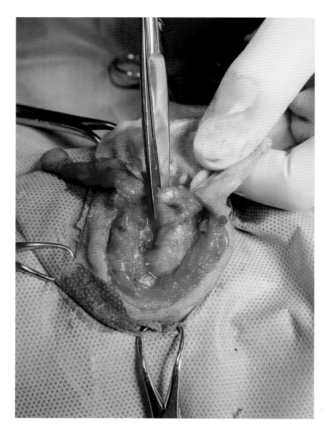

图 8.10　耳道外侧壁切除术。于软骨切迹前缘及后缘经背侧至腹侧，沿垂直耳道折转方向于耳道软骨上做1~1.5cm 切口（中国农业大学动物医院：丛恒飞供图）

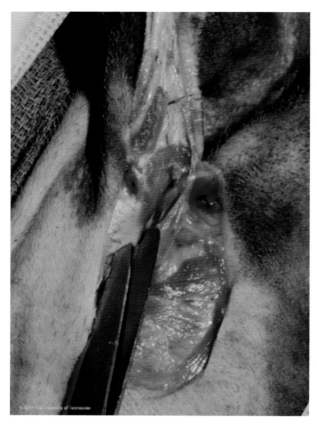

图 8.11　耳道外侧壁切除术。与皮瓣末端相齐，于耳软骨上做穿刺口，并沿穿刺口径腹侧至背侧切开软骨，直至背侧的同侧切迹处

耳道壁至耳屏间切迹（图 8.11）。

　　E. 经前侧穿刺口插入尖剪的一侧刀锋，沿预留皮瓣的前侧缘，经腹侧向背侧切开外耳道壁至前耳屏切迹。

　　（8）将耳道皮瓣向腹侧翻转，评价水平耳道口形态。开口应该呈圆形，而不是卵圆形或扁圆形。且皮瓣必须展平，不能堵塞耳道口。伸展皮瓣至水平耳道口完全开放。必要时可向下扩创至完全暴露水平耳道口（图 8.12）。

　　（9）将耳道皮瓣与皮肤切口对齐，横断多余的背侧（远端）外壁皮瓣。

　　（10）评估皮瓣长度是否合适，预估皮肤缝合点的位置。

　　（11）切除多余皮肤，确保皮瓣向腹侧牵拉时缝合张力适中。

　　（12）如软骨皮瓣较厚，不能完全软骨折转展平，可进行修剪。

　　A. 于折转处用止血钳分离软骨及耳道上皮层。

　　B. 横断软骨，完整保留耳道上皮。

　　C. 放平皮瓣，可以让软骨断端重叠。

　　（13）皮瓣各角都与皮肤缝合。如结节缝合。

　　A. 于皮肤边缘进针。

　　B. 对合皮瓣后缝合耳道上皮层，如上皮较薄，可缝合软骨及耳道上皮层。

　　C. 缝线打结后位于同侧，且远离切口。

　　其他方法：皮瓣转角处可选用垂直褥式减压

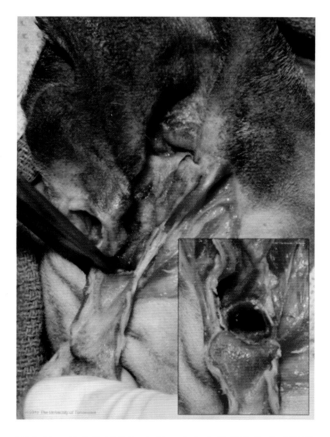

图 8.12　耳道外侧壁切除术。于垂直耳道前缘及后缘横切，至垂直耳道开口呈圆形

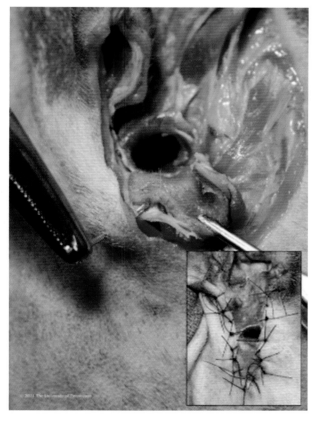

图 8.13　耳道外侧壁切除术。将耳道上皮层与皮肤缝合，首先将耳道上皮折转角与皮肤对合缝合，再缝合剩余上皮部分

缝合（近近远远缝合法）。

　　A. 先从皮肤靠近边缘处进针，朝向皮瓣方向。

　　B. 用按捏钳夹持皮瓣，针行至耳道上皮层下方并穿透而出针。

　　C. 远离第一针入针点，缝针再次回转贯穿皮瓣及软骨。

　　D. 缝针进入皮瓣对侧皮肤下方，距离皮肤第一针入针点远端出针，缝线位于之前缝线的下方。

　　E. 打结应避免压力过大，使皮肤和上皮对齐，并覆盖软骨边缘。

　　（14）紧接着，固定皮瓣软骨折转的每个切迹，再各缝合旁边的皮肤边缘。

　　（15）继续缝合皮瓣剩余皮肤。

　　（16）沿着耳缘闭合剩余的皮肤缝隙。

8.5　垂直耳道切除术

　　耳道病变仅局限于垂直耳道，没有侵袭至水平耳道时，才能实施垂直耳道切除术。手术后缝合创口时应注意耳道上皮与皮肤张力不能过大。进行皮肤切口时，尽可能多的保留皮肤组织便于缝合。其次，可延长腹侧耳道垂直切口获取更多的皮肤。个别手术需要皮瓣前移术。

　　（1）患病动物麻醉后侧卧保定，患侧在上，头部垫高。垂耳犬可悬挂其耳进行术前准备。耳廓及耳根部剃毛，灭菌生理盐水冲洗耳道，洗必泰冲洗皮肤。

　　（2）沿外耳道开口，耳屏处或其下做皮肤环形切口，切口大小取决于耳道病变位置及范围。

　　（3）沿垂直耳道向腹侧扩创，作 T 字形皮

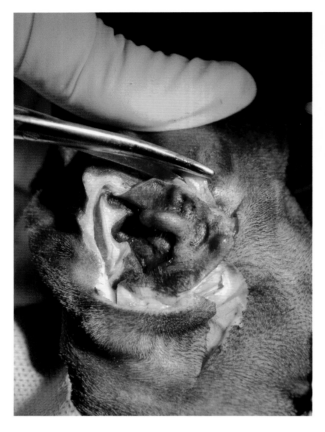

图 8.14　垂直耳道切除术。沿耳道开口做皮肤环形切口，再用剪刀分离皮肤及横断耳软骨（中国农业大学动物医院：丛恒飞供图）

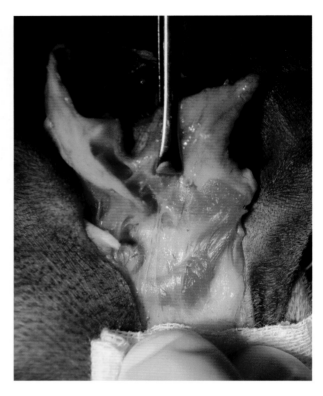

图 8.15　垂直耳道切除术。可用干纱布块钝性分离脂肪及疏松结缔组织（中国农业大学动物医院：丛恒飞供图）

肤切口。如有必要，垂直耳道放置止血钳指示皮肤切口方向及长度。

（4）于耳软骨背中部（耳廓凹面）作穿刺口。

（5）经此口用剪刀沿皮肤切口，环形切开外耳道开口处的耳软骨。

（6）组织钳牵引耳道软骨，分离皮下脂肪显露垂直耳道外侧面。

（7）用干灭菌纱布钝性分离皮肤与垂直耳道间粘连的脂肪、筋膜。

（8）辨别头部与耳软骨间附着的肌肉，紧贴耳软骨横断肌肉附着点。可使用剪刀、电刀或激光横断。

（9）分离耳软骨上附着的软组织，至完全显露整个垂直耳道软骨。环形耳软骨结合点之上的垂直耳道可自由活动。

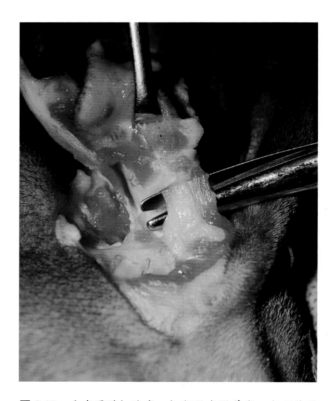

图 8.16　垂直耳道切除术。切断肌肉附着点，也可使用电刀或激光分离（中国农业大学动物医院：丛恒飞供图）

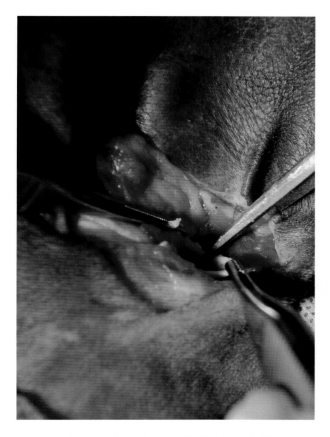

图 8.17 垂直耳道切除术。如能保留的垂直耳道较多，可于耳道横断面前缘及后缘纵切垂直耳道，形成 2 个皮瓣（中国农业大学动物医院：丛恒飞供图）

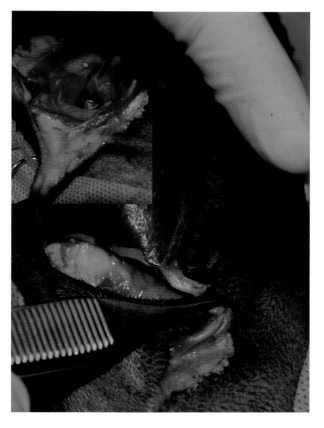

图 8.18 垂直耳道切除术。暂时将皮肤牵拉对合，确定其最终位置。皮肤缝合前，大部分动物皮肤垂直切口需要延伸，或者做新的皮肤切口暴露垂直耳道开口（中国农业大学动物医院：丛恒飞供图）

（10）横断垂直耳道。

A. 如垂直耳道健康无病变，距离水平耳道结合点 1cm 横断垂直耳道。

B. 如整个垂直耳道病变，则横断与水平耳道的结合处。

（11）若留有 1cm 的垂直耳道残端，于耳道前缘及后缘中点切开垂直耳道，分成腹侧及背侧皮瓣（图 8.17）。拉开两侧皮瓣可见耳道口成圆形，如不呈圆形，继续分离耳道前缘及后缘至垂直和水平耳道结合处（图 8.12）。

（12）当缝合切口时，要预估残留耳道位置。可尝试将垂直切口的前侧及后侧皮肤向耳廓创缘牵引对合，确定闭合后皮肤是否平整（图 8.18）。

（13）固定皮肤位置后，确定残留耳道开口

与水平耳道在同一水平面。

A. 可在皮肤垂直切口下方另切开一口，将水平耳道从此切口中牵引出。

B. 或者确定水平耳道位置后，腹侧皮肤垂直切开，延伸至水平耳道下方。残留的耳道开口位于延长的皮肤切口内。

（14）残留耳道断端位置固定后，缝合耳廓凹面皮肤创口。创口闭合后呈 T 字形。

（15）将腹侧耳道软骨皮瓣与皮肤结节或垂直褥式缝合。如对合不齐，移除多余皮肤，或将软骨皮瓣向腹侧牵拉，确保耳道开口位于水平耳道开口处。如水平耳道或软骨皮瓣张力较大，用单股可吸收缝线将耳软骨与皮下组织结节减张缝合后再闭合皮肤。

（16）将耳道边缘的前后中点与皮肤分别对

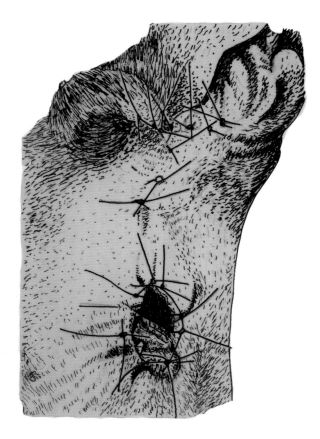

图 8.19 垂直耳道切除术。皮肤缝合后外观。该病例中，做新的皮肤切口便于缝合垂直耳道皮瓣，可见保留耳道最终开口与皮肤处于同一水平面（祖国红供图）

合并缝合。如存在软骨皮瓣，可将皮瓣的前缘及后缘结合部与皮肤对合后缝合（图 8.19）。

（17）缝合耳廓内侧边缘的皮肤切口。

（18）缝合皮肤和背侧耳道边缘或软骨瓣，然后缝合垂直的皮肤切口。

8.6 全耳道切除术及鼓泡侧切术

（1）皮肤切口方法与垂直耳道切术相似参见垂直耳道切除术的 1~9（8.5 节），但腹侧皮肤垂直切口需延伸至水平耳道下 1~3cm。

A. 患病动物麻醉后侧卧保定，患侧在上，头部垫高，头部朝背侧轻微旋转。耳廓及耳根部剃毛，耳道用生理盐水冲洗，其他部位用洗必泰冲洗。

B. 沿外耳道，耳屏处或下方做椭圆形皮肤切口。如有可能，切口尽可能包含所有增生组织。

C. 沿垂直耳道向腹侧扩创，做 T 字形皮肤切口。如有必要，垂直耳道放置止血钳指示皮肤切口方向及长度。猫可采取于皮肤环形切口的前侧及后侧分别做两个皮肤垂直切口，并平行向腹侧延伸（图 8.20）。可将皮瓣向腹侧牵拉，显露垂直耳道。一旦耳道摘除后，连接在腹侧的单蒂皮瓣向背侧牵拉缝合，因张力较小，术后可保持耳朵直立。

D. 于中背部耳软骨上（耳廓凹面）切开一小口。

E. 经此口用剪刀沿皮肤切口方向，在外耳道开口处环形剪开耳软骨（图 8.14）。

F. 组织钳牵引耳道软骨，钝性和锐性结合分离皮下脂肪显露垂直耳道外侧面。

G. 用干灭菌纱布钝性分离皮肤与垂直耳道间粘连的脂肪或筋膜（图 8.15）。

H. 辨别头部与耳软骨间附着的肌肉，紧贴耳软骨横断肌肉附着点（图 8.16）。可使用剪刀、电刀、激光横断。避免损伤耳大动静脉的分支，尤其是位于术野后半区的血管，否则易导致耳廓坏死。分离头部与耳软骨上连接的软组织至完全显露整个垂直耳道软骨，且环形耳软骨结合点之上的垂直耳道可自由活动。

（2）紧贴水平耳道，用梅森堡剪分离软组织至耳软骨与外耳道结合部。

A. 使用牵引器或环形牵引环牵拉周围组织（图 8.21）。

B. 面神经位于水平耳道腹侧，折转至后侧或偶尔在前侧紧贴于水平耳道软骨上。因面神经不易看见，紧贴耳软骨平行于面神经走向将其分离开。

C. 如面神经嵌于耳道外的增生组织内，可将神经粘连的部分外耳道切断，分离出面神经。

（3）分离软组织，至背侧能触及颅骨，腹

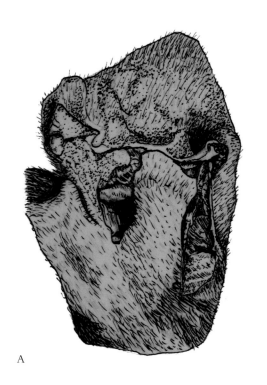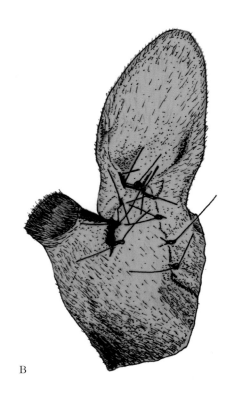

图 8.20　猫右侧全耳道切除术及鼓泡侧切术。A 显露耳道，做Π形皮肤切口形成皮瓣。B 最终外观。上拉皮瓣缝合皮肤支持并维持立耳软骨形态（祖国红供图）

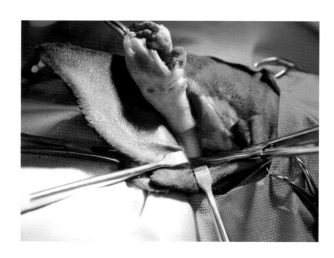

图 8.21　犬右侧全耳道切除术及鼓泡侧切术。垂直耳道完全显露后，紧贴水平耳道谨慎横断垂直耳道，避免损伤面神经（箭头）。可见该犬面神经附着于水平耳道前侧缘。采用环形拉勾显露术野（中国农业大学动物医院：丛恒飞供图）

侧可触及外耳道时，用骨剪紧贴颅骨将水平耳道横断。

　　A. 远离面神经及软组织丰富的位置开始横断，通常耳道背侧最易横断。

　　B. 于软骨与颅骨结合处切开一小口，将剪刀经此口插入耳道内，缓慢环形分离耳软骨。一点一点剪开软骨，剪切控制在外侧剪刀和组织可见部分。分离过程中，将面神经轻轻牵拉远离剪刀（图 8.22）。如面神经牵拉困难或可视范围较小，可远离面神经横断耳道，保留部分软骨缘与面神经粘连。耳道移除后，用软骨剪或骨剪将其分离。

　　C. 如面神经嵌闭于软组织内，横断对侧耳道，向粘连面神经侧倾斜耳道，从耳道内侧剪开软骨，剩余的软组织从内到外横断或轻柔剥离，避免损伤面神经。

　　（4）在操作过程前眼观或触诊，以辨别面

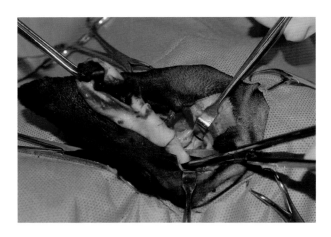

图 8.22　犬右侧全耳道切除术及鼓泡侧切术。横断水平耳道时，采用剪刀尖少量仔细分离可避免损伤面神经（中国农业大学动物医院：丛恒飞供图）

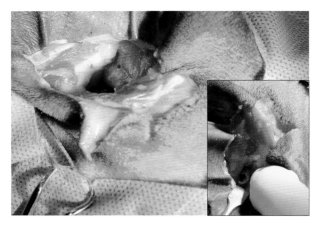

图 8.23　犬右侧全耳道切除术及鼓泡侧切术。使用咬骨钳沿外侧骨质耳道分离残留软骨及上皮层（箭头），显露外侧骨质耳道缘及鼓泡外侧壁（中国农业大学动物医院：丛恒飞供图）

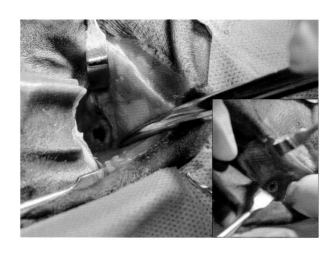

图 8.24　犬右侧全耳道切除术及鼓泡侧切术。保护面神经，轻轻分离鼓泡外侧壁上附着的软组织。然后使用咬骨钳或骨钻移除鼓泡外侧壁显露内容物（中国农业大学动物医院：丛恒飞供图）

神经及颈外动脉分支。茎乳突孔在外耳道背后侧，面神经从此孔出来，与耳道之间相隔一骨突起。

（5）沿外耳道用剪刀或骨剪移除残留的耳软骨（图 8.23）。

（6）用咬骨钳或骨钻移除外耳道骨质部分的腹侧缘。

（7）用咬骨钳或骨钻移除鼓泡外侧壁。

A. 用鼓膜剥离子轻柔的将鼓泡外侧壁上的软组织分离，避免损伤鼓泡腹内侧窝静脉。关节后静脉位于外耳道前缘。

B. 经外耳道插入止血钳至鼓泡内，确定鼓泡范围及骨剪或圆钻放置位置及方向。

C. 用克兰夫氏或朗佩尔咬骨钳一点一点移除外耳道骨质部分的腹侧缘。分离至下颌关节时，方能用咬骨钳大量移除骨质。后方的骨突起可用克里森或朗佩尔咬骨钳移除。

D. 用咬骨钳或骨钻继续向腹侧移除鼓泡外侧骨质，切忌向前移除鼓泡骨质。

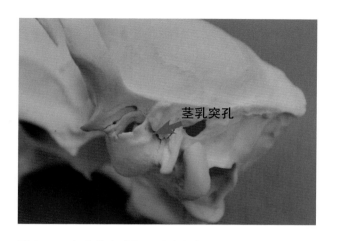

图 8.25　犬头骨腹外侧观（左侧）。确定移除鼓泡外侧壁的切除角度，经外耳道插入一个弯头止血钳至鼓泡内。注意面神经通过茎乳突孔（蓝色箭头）进入头骨，向后侧移行（中国农业大学：王宏钧，常建宇供图）

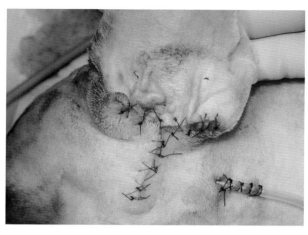

图 8.26　犬右侧全耳道切除术及鼓泡侧切术，最终外观。首先缝合两侧皮肤形成 T 形闭合创口，再缝合皮下组织及皮肤。该犬因存在耳道感染，需要皮下留置持续引流管（中国农业大学动物医院：丛恒飞供图）

（8）用止血钳、鳄嘴钳、吸引器或刮匙轻轻移除鼓泡内容物，并做微生物培养。避免损伤中耳背外侧延展处（鼓室上隐窝）的内侧面，耳蜗窗和前庭窗就位于此处。

（9）温生理盐水轻柔冲洗鼓泡和手术创并抽吸干净里面积留的液体。

（10）使用快速可吸收缝线结节缝合深部组织 1~2 针，避免穿透面神经。

（11）非感染创闭合。

A. 将垂直耳道外侧皮肤创口形成的皮瓣近端，与耳廓凹面创口皮肤做 2 针结节缝合或垂直褥式缝合，尽量避免穿透软骨。

B. 一旦皮肤基本对合，缝合皮下组织使其相互对合。

C. 闭合皮肤后，创口成 T 形或倒 L 形。

D. 对于生有立耳软骨的动物，可以伸展、提起和上移皮瓣，以减少耳廓皮肤缝合张力。

（12）感染创皮肤闭合。

A. 引流管从术部后侧的健康皮肤进入，行至手术创深部皮下组织，修剪引流管至合适长度。

B. 其余操作程序与 11A~11C 相同。

C. 使用中国结将引流管固定于皮肤上。

（13）感染创开放处理（图 8.27）。

A. 如需要，可于距创口缘 1cm 处作结系绷带固定敷料。

B. 创面外敷灭菌敷料（如浸透蜂蜜的纱布或海绵，含有右旋糖酐的镀银藻酸盐海绵，抗菌纱布等）。

C. 用吸收性好的材料覆盖敷料，并用结系绷带和脐带胶布带固定包扎。

D. 第二层采用黏附材料，或者做头颈部石膏绷带外固定。避免绷带过紧影响呼吸。

8.7 部分耳道切除术及鼓泡侧切术

该手术方法常用于垂直耳道远端病变较轻或

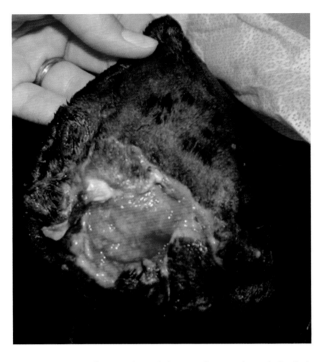

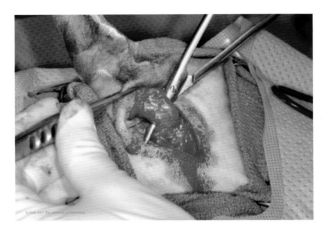

图 8.28　部分耳道切除术及鼓泡侧切术。配合钝性及锐性分离，显露垂直耳道

图 8.27　该犬外侧耳道被增生组织完全阻塞，垂直耳道与水平耳道筋膜连接处破裂继发耳廓周围脓肿。进行全耳道切除术及鼓泡侧切术，创面开放处理，每日更换绷带直至形成健康肉芽创面

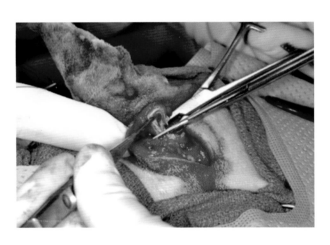

图 8.29　部分耳道切除术及鼓泡侧切术。近垂直耳道中点横断垂直耳道

没有病变，保留远端垂直耳道的犬和猫。保留的垂直耳道最后形成盲端，因此，该手术不适合垂直耳道远端有可见病变的动物，因其临床症状复发的风险较高。

（1）从外耳道开口中点沿垂直耳道方向至水平耳道腹侧做皮肤切口。

（2）采用钝性及锐性分离，将垂直耳道下2/3 与周围软组织分离开（图 8.28）。

（3）于中点附近横断垂直耳道（图 8.29）。

（4）将垂直耳道远端残余的外侧与内侧软骨对合后，用单股可吸收缝线缝合，切记不能穿透耳道上皮（图 8.30）。

（5）以后手术操作程序与全耳道切除术及鼓泡侧切开术步骤 2~9 相同（8.6 章节）。

（6）常规闭合皮下组织及皮肤（图 8.31）。

8.8　端端吻合术

8.8.1　外侧通路

该手术方法适用于先天性耳道狭窄，或继发于外伤和其他原因的耳道狭窄的动物。外耳道中段狭窄时采用。如狭窄区域位于耳道远端（即外耳道开口附近），可采用类似于垂直耳道全切除术治疗。耳周脓肿导致的狭窄，需要进行全耳道切除术及鼓泡切开术。

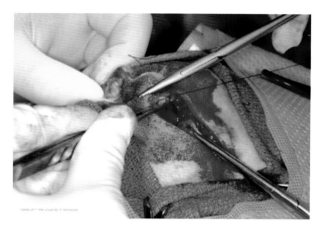

图 8.30　部分耳道切除术及鼓泡侧切术。横断垂直耳道末端，采用单股可吸收缝线进行部分全层连续缝合

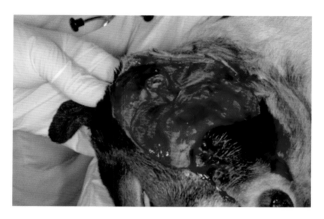

图 8.32　犬创伤性耳廓横切术

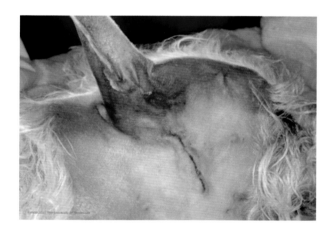

图 8.31　部分耳道切除术及鼓泡侧切术。缝合后最终外观

（1）悬挂患耳剃毛消毒

（2）从耳屏至水平耳道开口腹侧，沿垂直耳道方向做皮肤切口。

（3）于耳道狭窄处，采用钝性或锐性分离将耳道与周围组织分离开。

（4）用牵引线固定狭窄处两端的耳道。横断狭窄区域，将耳道内残留的组织清除，至耳道完全通透。如分泌物较多，生理盐水冲洗抽吸。

（5）从耳道内侧面开始采用 3-0 或 4-0 单股可吸收缝线吻合两断端，缝线穿透软骨，可不穿透耳道上皮。如断端对合困难或视野不清晰，先于断端外周穿入至少 4 条缝合线，随后打结。再补充缝合剩下的部分。

（6）如需要可做耳部灌洗和微生物培养，然后常规闭合皮下组织及皮肤。

8.8.2　后侧通路

该手术方法适用于没有耳道积脓或中耳炎的动物，快速分离其耳软骨与环形软骨之间的耳道（图 8.32）。

（1）悬挂患耳剃毛消毒。

（2）从耳廓和耳道后方做垂直的弧形皮肤切口。

（3）钝性或锐性分离皮下组织，暴露需分

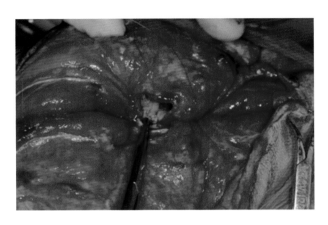

图8.33　端端吻合术。创面手术清创及冲洗后，横断耳道断端被均匀地对合

图8.34　端端吻合术。加固缝合间隙部分

离的耳道末端。必要时可以横断颈耳肌或腮腺耳甲肌。于外耳道插入探针，便于识别耳道远端。

（4）如需要，可在耳道近端及远端做牵引线。

（5）手术清除耳道末端的纤维组织至耳道完全通畅。

（6）单股可吸收缝线全层间断缝合耳道近端及远端，线结置于耳道外（图8.33）。如内侧耳道断端的缝合干扰视线，先沿断端外周穿入多条缝线。最后再打结以吻合两断端。

（7）缝合其他部位，灌洗创口并做微生物培养（图8.34）。

（8）如有必要，留置引流管后再缝合肌肉，常规闭合组织及皮肤。

8.9　鼓泡腹侧切开术

8.9.1　犬鼓泡腹侧切开术

（1）颈腹侧及下颌骨内侧区剃毛消毒。消毒前，患犬仰卧保定，头颈伸直，双前肢向后牵拉保定。

（2）从下颌角中部开始，经过鼓泡至外耳道水平面后1cm做中线旁皮肤切口。切口中点位于下颌支与寰椎翼之间。

（3）钝性或锐性分离皮下组织，垂直分布的颈阔肌和水平分布的颈部括约肌。平行于切线方向进行分离，以避免损伤舌面静脉分支。

（4）牵引器牵拉软组织。

（5）触摸颈突，鼓泡后侧的明显骨骼突起，是二腹肌附着点。鼓泡位于其前内侧约5mm处，在二腹肌的背侧。

（6）茎突舌肌及舌下肌向内侧分离，二腹肌向外侧钝性分离。

A. 如唾液腺位于术野，将其向外侧牵引。

B. 下颌舌骨肌位于茎突舌肌及舌下肌表面，二腹肌内侧。向前侧牵拉该肌肉纤维，分离或横断后侧缘（图8.35）暴露深部肌肉。舌静脉位于下颌舌骨肌深部。

C. 分离过程中，沿头部长轴方向分离，避免损伤舌下神经，其位于舌下肌外侧面，茎突舌肌内侧面。舌动脉位于舌下神经背侧。

（7）向外侧牵拉二腹肌，向内侧牵引茎突舌肌及舌下肌，暴露覆盖于鼓泡腹侧面的颈舌骨肌。注意该部位局部解剖。面神经位于外表面，较小的舌咽神经通过腹侧，迷走神经通过鼓泡腹内侧面。部分动物，于术野深部可见颈外侧动脉及上颌静脉，或其分支。

（8）用剪刀、止血钳或骨膜剥离子平行分离咽部颈舌骨肌纤维，并将其从鼓泡上剥离开（图8.36）。

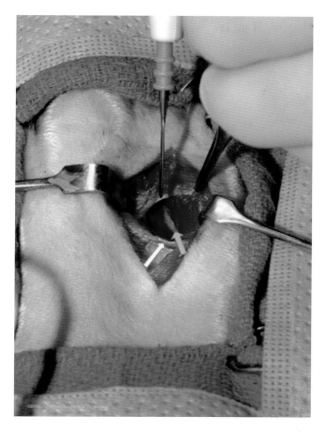

图 8.35　犬左侧腹侧鼓泡切开术。将下颌舌骨肌与二腹肌锐性分离，显露下面的茎突舌肌及舌下肌，及位于两肌肉间的舌下神经（蓝色箭头）。切口后侧可见舌骨静脉弓（白色箭头）

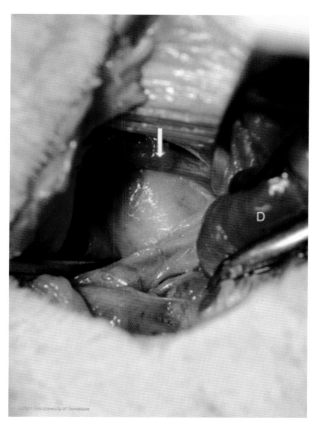

图 8.36　犬左侧腹侧鼓泡切开术。切开颈舌骨肌（箭头指示）并用骨膜剥离子提起显露鼓泡。使用开张器将二腹肌及茎突舌肌分别向外侧及内侧牵拉

（9）用骨钻，1/8 或 3/16 髓内针在鼓泡腹侧面上钻孔。如需保留听力，谨慎使用骨钻。因其振动可损伤耳蜗功能。

（10）用咬骨钳扩大创口至 7~10mm 长。

（11）搔刮鼓泡腹侧、内侧及外侧部分。避免损伤鼓泡室背外侧（鼓室上隐窝），该部位是内耳的入口。

（12）对鼓泡内容物进行微生物培养，温生理盐水轻柔灌洗鼓泡并抽吸干净。

（13）如感染严重，留置引流管。然后常规闭合皮下组织及皮肤。

8.9.2　猫腹侧鼓泡切开术

（1）麻醉后仰卧保定，头颈伸直。下颌中部、颈腹侧近端和垂直耳道颈部腹外侧剃毛消毒。

（2）触诊确定鼓泡位置，其位于下颌角与寰椎翼中点。经鼓泡作前后侧皮肤切口。

（3）钝性或锐性分离皮下组织至鼓泡，分离颈阔肌和颈部括约肌以扩创。辨别并牵拉舌面静脉分支；部分猫需要结扎或横断舌骨静脉弓。

（4）触摸鼓泡确定其位置，鼓室舌骨软骨超过了舌骨器的茎突骨，位于鼓泡腹侧之上。

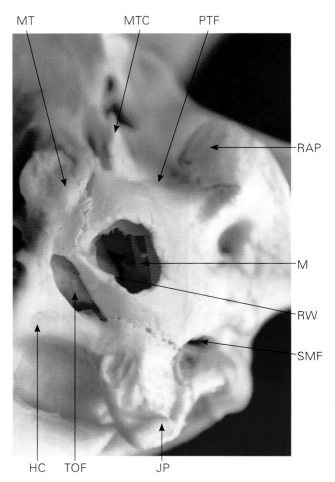

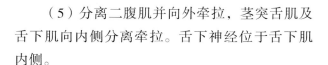

图 8.37　犬左侧腹侧鼓泡切开术。骨圆针或咬骨钳切开腹侧鼓泡壁。解剖定位包括：HC 舌下神经管，JP 髁旁突，M 锤骨，MT 肌肉结节，MTC 肌咽鼓管，RAP 关节后突，RW 蜗窗，SMF 茎乳突孔，TOF 鼓室，枕骨裂（中国农业大学：王宏钧，常建宇供图）

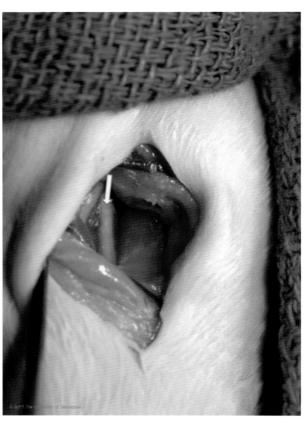

图 8.38　猫左侧腹侧鼓泡切开术。照片顶端是头侧。颈阔肌及括约肌已被横断收缩，显露位于舌下肌内侧的舌下神经（箭头）

（5）分离二腹肌并向外牵拉，茎突舌肌及舌下肌向内侧分离牵拉。舌下神经位于舌下肌内侧。

（6）开张器向外侧牵拉二腹肌，向内侧牵拉舌下神经及舌动脉，暴露位于鼓泡腹侧面上的颈舌骨肌。

（7）用 1/8 或 3/16 英寸（3~5mm）骨钻或骨针在鼓泡腹侧面上钻孔。

（8）用咬骨钳或骨钻扩大腹侧口至直径7~10mm。骨钻振动会损伤耳蜗器。

（9）鼓泡较大的腹内侧室及较小的背外侧室的中隔最外侧钻孔，中隔向腹侧室面的背外方向凸起（图 8.40）。通常可用闭合的止血钳穿透。

（10）用止血钳或鳄牙钳轻轻移除中隔碎片，直至背外侧室清晰可见。禁止切开隆突周围，避免损伤交感神经纤维（图 1.28）。

（11）用吸引器或镊子轻轻移除组织及碎片，不建议采用刮匙，否则易损伤交感神经纤维。有些猫的中耳息肉，可通过鳄牙钳经外耳道取出，此过程最好在外科医生做鼓泡手术时，由助手无菌完成。

（12）常规闭合皮下组织及皮肤，通常不需要留置引流管。

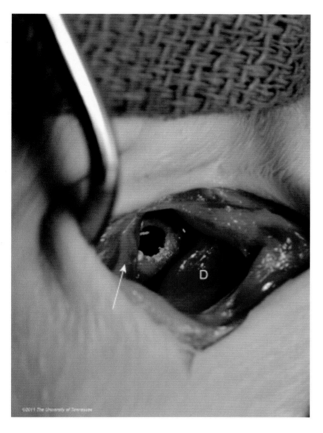

图 8.39 猫左侧腹侧鼓泡切开术。鼓泡腹侧已被骨圆针钻穿，轻柔的抽吸出内容物。舌下神经位于内侧（箭头），二腹肌位于外侧。鼓泡外侧壁内勉强可见内中隔

8.10 耳外科激光手术

激光手术适用于富含血管的组织分离，切割。使用激光分离组织的术野比采用手术刀或剪刀分离的术野清晰，干燥。激光能封闭淋巴管，减少渗出，组织肿胀，减轻术后疼痛。但可能延长手术时间，因分离组织较慢。如激光使用不当易灼伤组织，导致创缘周围组织损伤。激光不能闭合直径大于 1mm 的血管，也制止血流量大的组织的出血。需准备防护设备，如防护眼镜，烟雾排气扇，激光手术防护面罩等，门牌标识激光手术室（图 8.41，图 8.42）。术者及助手对组织过热突发起火有准备。保护手术动物眼睛及气管插管，易燃物品（如酒精）应远离手术术野。

8.10.1 耳廓激光手术术前准备

（1）动物麻醉后，评估耳炎程度。

（2）耳道内放置棉球，双侧耳廓皮肤剃毛。

（3）术部皮肤用醋酸氯己定消毒。禁止使用酒精，酒精易被激光引燃。

（4）动物眼睛覆盖潮湿纱布或佩戴防护镜，

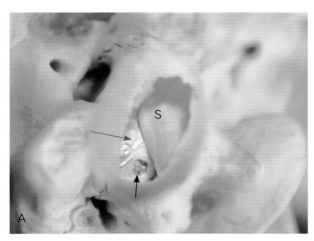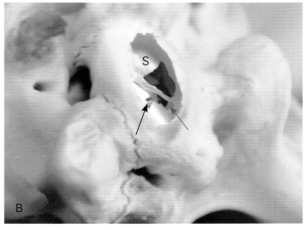

图 8.40 A 中隔（S）位于鼓泡前外侧，将鼓泡分隔成较大的腹侧室及较小的背侧室，骨膜位于背侧室。耳蜗窗（黑色箭头）面向外侧，内侧紧邻鼓泡两个隔室间隙，外侧至隆突（蓝色箭头）。B 内中隔已被切除，显露鼓泡背外侧室，耳蜗窗（黑色箭头）及裂隙（蓝色箭头）可见位于中隔背侧（中国农业大学：王宏钧，常建宇供图）

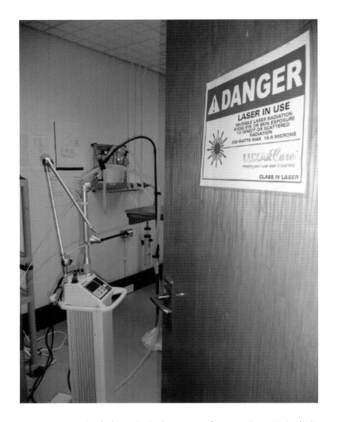

图 8.41　激光手术室内需空气流通良好。进行激光手术操作时，手术室门上需放置醒目标识

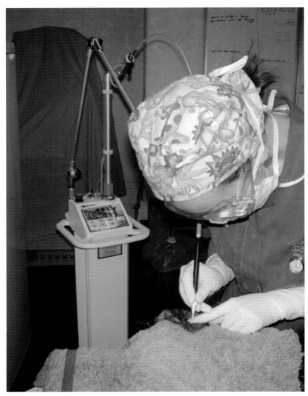

图 8.42　激光手术室内人员需佩戴合适的防护眼镜、面罩或呼吸器

防止损伤角膜。气管插管外敷湿毛巾或纱布，防止被引燃。

8.10.2 耳血肿

激光开窗法

（1）无菌记号笔标记血肿边缘。设置二氧化碳激光发射器功率为 8~12W，连续模式，选用 0.8mm 陶瓷刀头。切割时保持刀头距离皮肤 1~3mm。

（2）于耳血肿顶点，近耳尖部，耳廓内侧做 1cm 大环形皮肤切口，至耳血肿腔内。

（3）移除环形皮瓣及粘连软骨，冲洗血肿腔。

（4）于耳廓内侧皮肤血肿腔上做几个直径 1~2mm 的环形创口。创口需穿透内侧耳廓皮肤，耳软骨至外侧耳廓皮肤。穿刺口相距 5~10mm，位于血肿腔面及边缘。开窗过程中需翻转耳廓皮肤，确定激光切割深度。

（5）移除耳道内棉球，洗耳液清洗耳道。将耳廓平整的至于头顶，耳廓内侧皮肤覆盖非黏附性敷料。如伴有耳炎，绷带固定耳廓并保持外耳道开放，有利于耳部治疗。

激光切开缝合术

（1）于耳廓内侧血肿皮肤上做 3 个或更多直径 0.3~0.7cm 的环形皮肤切口，排列成三角形。

（2）选择一个近端切口，加深切开至血肿腔，排除腔内液体。

（3）再次加深剩余创口深度至皮肤完全切开。清除血凝块及纤维，生理盐水轻柔冲洗创腔。

（4）平行耳廓长轴做褥式缝合。缝合时采用圆针或棱针，不可吸收缝线（0 至 3-0）贯穿软骨加压缝合。

8.10.3 外耳道或耳廓肿瘤

（1）二氧化碳激光刀切除乳头状瘤或其他良性肿物，设置工作功率 8~15W，大焦点（≥ 0.5mm）。肿物切除可选用多种切割方法，切除时及时清除焦痂。降低功率或增大激光焦点止血（图 8.43）。

（2）采用二氧化碳激光刀快速切除，（图 8.44）设置连续工作功率 7~9W，刀头焦点 0.4mm，降低工作功率或增大激光焦点止血。

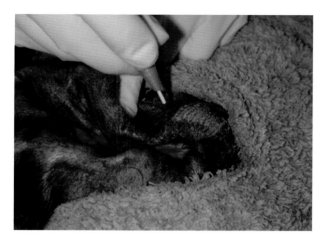

图 8.43　多次激光切除组织，每次切除后清除碳渣。操作过程中采用护目镜或潮湿的纱布块保护动物眼镜

图 8.44　部分耳廓切除术治疗鳞状细胞癌。A 采用激光进行耳廓切除术减少术后出血。B 尽管是二期愈合，大部分猫预后外观非常漂亮

索　引